"创新设计思维"
数字媒体与艺术设计类新形态丛书

U0191642

SketchUp 实用教程 第2版

室内·建筑·景观设计

微课版

徐紫欣 朱晨薇 编著

人民邮电出版社

北 京

图书在版编目（ＣＩＰ）数据

SketchUp 实用教程：室内·建筑·景观设计：微课版 / 徐紫欣，朱晨薇编著. -- 2版. -- 北京：人民邮电出版社，2024.8

（"创新设计思维"数字媒体与艺术设计类新形态丛书）

ISBN 978-7-115-64083-3

Ⅰ．①S… Ⅱ．①徐… ②朱… Ⅲ．①建筑设计－计算机辅助设计－应用软件－教材 Ⅳ．①TU201.4

中国国家版本馆CIP数据核字(2024)第065851号

内 容 提 要

本书从实际应用的角度出发，图文并茂地介绍了 SketchUp 2023 的基本功能及其在室内设计、建筑设计、景观设计等领域中的应用。本书共 9 章，内容包括初识 SketchUp、SketchUp 基本绘图工具、SketchUp 辅助设计工具、SketchUp 绘图管理工具、SketchUp 常用插件、SketchUp 材质与贴图、SketchUp 渲染与输出，以及现代风格客厅表现、时尚别墅建筑表现 2 个综合案例。

本书既可作为高等院校建筑学、环境艺术、园林景观等专业学生学习 SketchUp 的教材，也可作为室内设计、建筑设计、景观设计等行业从业人员的参考书。

◆ 编　著　徐紫欣　朱晨薇

责任编辑　李　召

责任印制　陈　犇

◆ 人民邮电出版社出版发行　　北京市丰台区成寿寺路 11 号

邮编　100164　　电子邮件　315@ptpress.com.cn

网址　https://www.ptpress.com.cn

天津市银博印刷集团有限公司印刷

◆ 开本：787×1092　1/16

印张：14　　　　　　　　　 2024 年 8 月第 2 版

字数：363 千字　　　　　　 2024 年 8 月天津第 1 次印刷

定价：79.80 元

读者服务热线：(010)81055256　印装质量热线：(010)81055316

反盗版热线：(010)81055315

广告经营许可证：京东市监广登字 20170147 号

前 言

SketchUp是一款直接面向设计方案创作过程的设计软件。其使用简便、容易上手，直接面向设计过程，在设计时可以进行直观的构思，满足与客户即时交流的需要，并且能随着构思的深入不断增加设计细节，因此被形象地比喻为计算机辅助设计中的"铅笔"。

SketchUp作为一款操作简便且功能强大的三维建模软件，一经推出就在设计领域得到了广泛应用。其快速成型、易于编辑的特点及直观的操作，非常便于设计师对设计方案进行推敲，并让设计师充分享受设计的乐趣，使设计不再是单纯的计算机制图。

本书特点

本书按照"知识讲解—案例演练—提升练习—温故知新"的思路编排内容，结合大量实例深入讲解 SketchUp 在各设计行业的应用方法和技巧。

✧ 知识讲解：由浅入深地介绍SketchUp 软件各方面的基本操作。新增绘图工具，如【镜像】工具，以基础+实例的方式全面讲解绘图工具的使用方法。

✧ 案例演练：结合每章知识点，设计并制作有针对性的案例，帮助读者巩固所学知识。

✧ 提升练习：对基础知识进行补充扩展，增强读者建模能力。

✧ 温故知新：结合本章内容设计难度适宜的练习题，使读者在复习中继续成长。

本书内容

本书共9章，前7章系统讲解了SketchUp的基本绘图工具、辅助设计工具、绘图管理工具、常用插件、材质与贴图、渲染与输出等基础知识，后2章通过2个经典综合实例，分别讲解了SketchUp 2023在设计中的应用方法与技巧。此外，本书列举了大量的工程应用案例，不仅便于读者理解所学内容，还有利于读者活学活用。

章　序	课程内容	学时分配	
		讲　授	实　训
第1章	初识SketchUp	2	1
第2章	SketchUp基本绘图工具	4	2
第3章	SketchUp辅助设计工具	4	2
第4章	SketchUp绘图管理工具	3	2
第5章	SketchUp常用插件	4	3
第6章	SketchUp材质与贴图	4	3
第7章	SketchUp渲染与输出	3	3
第8章	综合实例——现代风格客厅表现	4	4
第9章	综合实例——时尚别墅建筑表现	4	4
学时总计		32	24

教学资源

　　本书提供丰富的立体化资源，包括微课视频、素材与效果文件、教辅资源等。读者可登录人邮教育社区（www.ryjiaoyu.com）进行下载。

　　◇ 微课视频：本书所有案例配套微课视频，读者扫描书中二维码即可观看。

　　◇ 素材和效果文件：本书提供所有案例需要的素材和效果文件，素材和效果文件均以案例名称命名。

　　◇ 教辅资源：本书提供PPT课件、教学大纲、教学教案、拓展案例库、拓展素材资源等。

PPT课件　　教学大纲　　教学教案　　拓展案例库　拓展素材资源

由于编者水平有限，书中难免存在疏漏之处，敬请读者批评指正。

读者服务邮箱：lushanbook@qq.com。

编　者
2024年1月

目 录

第 1 章
初识 SketchUp

1.1 SketchUp 概述 1
1.1.1 关于 SketchUp 1
1.1.2 SketchUp 的特色 2
1.1.3 SketchUp 2023 的新功能 4
1.2 SketchUp 的应用领域 7
1.2.1 建筑设计中的 SketchUp 7
1.2.2 城市规划中的 SketchUp 8
1.2.3 园林景观中的 SketchUp 8
1.2.4 室内设计中的 SketchUp 9
1.2.5 工业设计中的 SketchUp 10
1.2.6 动漫设计中的 SketchUp 10
1.3 SketchUp 2023 欢迎界面 10
1.4 SketchUp 2023 工作界面 12
1.4.1 标题栏 12

1.4.2 菜单栏 12
1.4.3 工具栏 13
1.4.4 绘图区 13
1.4.5 状态栏 14
1.4.6 数值控制框 14
1.4.7 窗口调整柄 14
1.5 设置工作界面 14
1.5.1 设置系统信息 14
1.5.2 设置 SketchUp 模型信息 17
1.5.3 设置快捷键 20

第 2 章
SketchUp
基本绘图工具

2.1 绘图工具 22
2.1.1 直线工具 22
2.1.2 实例——绘制指示牌纹理 22

2.1.3 手绘线工具 24

2.1.4 矩形工具 25

2.1.5 实例——绘制新中式灯具 25

2.1.6 圆工具 28

2.1.7 多边形工具 29

2.1.8 圆弧工具 29

2.1.9 扇形工具 30

2.2 编辑工具 30

2.2.1 移动工具 31

2.2.2 实例——阵列复制护栏 32

2.2.3 实例——完善健身器材模型 33

2.2.4 实例——创建景观凳子 34

2.2.5 推/拉工具 36

2.2.6 实例——创建柱墩 37

2.2.7 实例——创建餐边柜 38

2.2.8 旋转工具 41

2.2.9 实例——旋转绘制时钟刻度 42

2.2.10 路径跟随工具 43

2.2.11 实例——创建水晶球 43

2.2.12 实例——创建装饰角线 44

2.2.13 实例——创建花瓶 45

2.2.14 比例工具 46

2.2.15 镜像工具 47

2.2.16 实例——复制推拉门 48

2.2.17 偏移工具 49

2.2.18 实例——创建书架 49

2.3 实体工具 50

2.3.1 实体外壳工具 51

2.3.2 交集工具 52

2.3.3 并集工具 53

2.3.4 差集工具 53

2.3.5 修剪工具 53

2.3.6 分割工具 53

2.4 沙箱工具 54

2.4.1 根据等高线创建 54

2.4.2 实例——创建山坡 54

2.4.3 实例——创建伞 56

2.4.4 根据网格创建 58

2.4.5 曲面起伏 59

2.4.6 实例——创建起伏地貌 59

2.4.7 实例——创建坡上别墅 61

2.4.8 曲面投射 62

2.4.9 实例——为园区添加小径 62

2.4.10 添加细部 63

2.4.11 对调角线 64

2.5 案例演练——创建现代风格床头柜... 64

2.6 提升练习——旋转复制时针 67

2.7 温故知新——利用并集工具创建模型

.... 67

第3章

SketchUp 辅助设计工具

3.1 选择和编辑工具 68

3.1.1 选择工具 68

3.1.2 实例——窗选和框选模型 69

3.1.3 实例——右键关联选择对象面 70

3.1.4 创建组件 71

3.1.5 删除工具 71

3.1.6 实例——处理边线 72

3.2 构造工具 72

3.2.1 卷尺工具 73

3.2.2 实例——全局缩放调整餐桌高度 ... 74
3.2.3 尺寸标注与文字标注工具 74
3.2.4 量角器工具 76
3.2.5 轴工具 76
3.2.6 三维文字工具 77
3.2.7 实例——在指示牌上添加文字 77
3.3 相机工具 78
3.3.1 环绕观察工具 78
3.3.2 平移工具 79
3.3.3 缩放工具 79
3.3.4 缩放窗口工具 80
3.3.5 缩放范围工具 80
3.3.6 上一个工具 81
3.4 漫游工具 81
3.4.1 定位镜头工具 81
3.4.2 正面观察工具 82
3.4.3 漫游工具 82
3.4.4 实例——漫游别墅 83
3.5 截面工具 84
3.5.1 增加剖切面 84
3.5.2 重新放置剖切面 85
3.5.3 隐藏剖切面 86
3.5.4 实例——导出办公楼剖切面图 87
3.6 视图工具 87
3.6.1 在视图中查看模型 88
3.6.2 透视模式 88
3.6.3 轴测模式 89
3.7 样式工具 90

3.7.1 X 射线模式 90
3.7.2 后边线模式 90
3.7.3 线框显示模式 91
3.7.4 隐藏线模式 91
3.7.5 着色显示模式 91
3.7.6 贴图模式 92
3.7.7 单色显示模式 92
3.8 案例演练——调整车辆尺寸 92
3.9 提升练习——漫游商场 93
3.10 温故知新——利用样式工具查看模型
.... 93

第4章

SketchUp 绘图管理工具

4.1 样式设置 94
4.1.1 样式管理器 94
4.1.2 实例——设置室内模型的颜色选项
.... 96
4.1.3 实例——设置车房背景 97
4.1.4 实例——添加水印 98
4.2 标记设置 100
4.2.1 【标记】工具栏 100
4.2.2 【标记】面板 100
4.2.3 标记属性 101
4.2.4 实例——通过标记管理模型 101

4.3 雾化和柔化边线设置.................. 102
4.3.1 雾化设置 102
4.3.2 实例——添加雾化效果 103
4.3.3 柔化边线设置 103
4.4 SketchUp 群组工具.................. 104
4.4.1 组的创建与分解.................. 104
4.4.2 组的锁定与解锁.................. 105
4.4.3 组的编辑 106
4.4.4 实例——添加植物.............. 108
4.5 SketchUp 组件工具.................. 109
4.5.1 删除组件 109
4.5.2 锁定与解锁组件.................. 110
4.5.3 实例——锁定车辆模型 110
4.5.4 编辑组件 112
4.5.5 实例——创建吊灯.............. 112
4.5.6 实例——替代树木类型 113
4.5.7 插入组件 114
4.6 案例演练——创建标记管理新增模型
.... 114
4.7 提升练习——在群组中删除模型.... 115
4.8 温故知新——独立编辑桌椅模型.... 115

5.2.1 镜像物体 117
5.2.2 实例——创建廊架 118
5.2.3 生成面域 119
5.2.4 实例——生成面域 119
5.2.5 拉线成面 120
5.2.6 实例——墙体开窗户 120
5.3 案例演练——添加扶手 122
5.4 提升练习——创建屋顶 125
5.5 温故知新——生成墙体 125

第 5 章

SketchUp 常用插件

5.1 SUAPP 插件的安装.................. 116
5.2 SUAPP 插件基本工具 117

第 6 章

SketchUp 材质与贴图

6.1 SketchUp 材质........................ 126
6.1.1 默认材质 126
6.1.2 【材质】面板 126
6.1.3 填充材质 129
6.1.4 实例——为躺椅填充材质 129
6.2 色彩取样器 130
6.3 透明材质................................ 130
6.4 贴图坐标................................ 131
6.4.1 锁定图钉模式 132
6.4.2 自由图钉模式 132
6.4.3 实例——调整纹理图案 132
6.4.4 贴图技巧 133
6.4.5 转角贴图 133

6.4.6 实例——创建魔盒 134

6.4.7 贴图坐标和隐藏几何体 135

6.4.8 实例——创建笔筒花纹 135

6.4.9 曲面贴图与投影贴图 136

6.4.10 实例——创建地球仪 136

6.5 案例演练——为办公室模型赋予材质
.... 137

6.6 提升练习——创建包装盒 139

6.7 温故知新——添加灯柱图案 139

第7章

SketchUp
渲染与输出

7.1 V-Ray for SketchUp 模型的渲染
.... 140

7.1.1 V-Ray 简介 140

7.1.2 V-Ray for SketchUp 工具栏 ... 141

7.1.3 V-Ray for SketchUp 资源编辑器
.... 142

7.1.4 V-Ray for SketchUp 材质 142

7.1.5 V-Ray for SketchUp 灯光系统
.... 143

7.1.6 V-Ray for SketchUp 渲染参数
.... 143

7.2 室内渲染实例 143

7.2.1 测试渲染 143

7.2.2 设置材质参数 147

7.2.3 设置最终渲染参数 148

7.3 SketchUp 导入功能 149

7.3.1 导入 AutoCAD 文件 149

7.3.2 实例——导入 AutoCAD 平面图
.... 150

7.3.3 实例——绘制教师公寓墙体 151

7.3.4 导入 3DS 文件 152

7.3.5 实例——导入彩平图 152

7.4 SketchUp 导出功能 153

7.4.1 导出 AutoCAD 文件 154

7.4.2 实例——导出 AutoCAD 二维矢量
图文件 154

7.4.3 实例——导出 AutoCAD 公共建筑
三维模型 155

7.4.4 导出常用三维模型 156

7.4.5 实例——导出景墙三维模型 157

7.4.6 实例——导出庭院二维图像 158

7.4.7 导出二维剖切文件 158

7.4.8 实例——导出住宅小区二维剖切
面图 159

7.5 案例演练——导入 AutoCAD 建筑
平面图 160

7.6 提升练习——导入别墅园林彩平图
.... 161

7.7 温故知新——导出餐厅设计二维图像
.... 161

第8章

综合实例——
现代风格客厅表现

8.1 导入 SketchUp 前的准备工作 162

8.1.1 导入 AutoCAD 平面图形 162

8.1.2 优化 SketchUp 模型信息..........163

8.2 在 SketchUp 中创建模型.............164

8.2.1 绘制墙体....................165

8.2.2 绘制平面....................169

8.2.3 绘制天花板..................171

8.2.4 赋予材质....................173

8.2.5 安置家具....................178

8.3 后期渲染........................181

8.3.1 渲染前期准备.................181

8.3.2 设置渲染材质参数.............183

8.3.3 设置渲染参数.................185

第 **9** 章

综合实例——
时尚别墅建筑表现

9.1 了解时尚别墅建筑情况.................186

9.2 导入 SketchUp 前的准备工作....186

9.2.1 整理 AutoCAD 平面图纸..........187

9.2.2 优化 SketchUp 场景设置..........188

9.3 创建模型前的准备工作............188

9.3.1 导入 AutoCAD 图形.................188

9.3.2 调整图形位置......................190

9.4 在 SketchUp 中创建模型............191

9.4.1 创建地下室模型....................191

9.4.2 绘制建筑一层模型..................195

9.4.3 绘制建筑二层模型..................199

9.4.4 绘制建筑三层模型..................204

9.4.5 绘制建筑顶面模型..................207

9.4.6 增加别墅景观效果..................209

9.5 后期渲染............................210

9.5.1 渲染前的准备工作..................210

9.5.2 设置材质参数......................211

9.5.3 设置渲染参数......................212

9.6 后期效果图处理......................213

SketchUp是一款简便易学的软件,它融合了铅笔画的优美与自然笔触的特点,可迅速建构、显示和编辑三维建筑模型,同时可导出透视图、DWG和DXF格式的2D向量文件等尺寸正确的平面图形。SketchUp是一款注重设计过程的软件,世界上大部分具规模的建筑工程企业或大学都已采用该软件。

本章主要介绍SketchUp的特色、应用领域、工作界面及系统设置,使读者了解并熟悉SketchUp软件,为以后的深入学习打下基础。

1.1 SketchUp概述

本节介绍SketchUp的基本情况,包括软件的特点、新版本的优势等,帮助读者了解软件,方便读者更快上手操作。

1.1.1 关于SketchUp

SketchUp是一款直接面向设计方案创作过程的软件,其创作过程不仅能够充分表达设计师的思想,而且完全满足与客户即时交流的需要,与设计师用手工绘制构思草图的过程很相似,同时可将其成品导入其他着色、后期、渲染软件,继续形成照片级的商业效果图,如图1-1~图1-4所示。

图1-1 景观效果

图1-2 室内效果

图1-3 机械产品

图1-4 建筑效果

SketchUp是目前市面上为数不多的直接面向设计过程的设计工具，它使得设计师可以直接在计算机上进行十分直观的构思，随着构思的不断清晰，细节不断增加，最终形成的模型可以直接交给其他具备高级渲染能力的软件进行最终渲染。这样，设计师可以最大限度地减少机械重复劳动和控制设计成果的准确性。图1-5～图1-8是在SketchUp中创作的设计模型。

图1-5　建筑设计

图1-6　城市规划

图1-7　园林景观

图1-8　夜景建筑效果

自Google公司的SketchUp正式成为Trimble家族的一员之后，2023年5月22日，SketchUp迎来了一次重大更新。这一次更新给SketchUp注入了新活力，优化了其原有性能、界面、功能更易于操作，设计思想、实体表现更易于表达。

1.1.2　SketchUp的特色

SketchUp的界面简洁直观，如图1-9所示，可以实现"所见即所得"。其命令简单实用，显示风格灵活多样，可以快捷地进行风格转换和页面切换，避免了其他类似软件的复杂操作缺陷。初学者容易上手，经过一段时间的练习，初学者使用鼠标就像拿着铅笔一样灵活，不再受到软件繁杂操作的束缚，而专心于设计的构思与实现。

SketchUp直接面向设计过程，三维模型的建立基于最简单的推、拉等操作，同时，

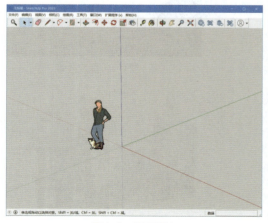

图1-9　界面简洁

其有着十分直观的显示效果，因此使用SketchUp可以方便地进行方案的修改与深化，直至完成最终的方案效果，设计师可以最大限度地控制设计成果的准确性，图1-10为设计过程中绘制的草图，图1-11为建模并赋予材质的效果。

图1-10　设计过程中绘制的草图

图1-11　建模并赋予材质的效果

为了方便建筑设计和室内设计，SketchUp可以模拟手绘草图的效果，如图1-12所示，解决及时与业主交流的问题。不但摆脱了传统绘图方法的繁重与枯燥，而且能与客户进行更为直接、灵活和有效的交流。

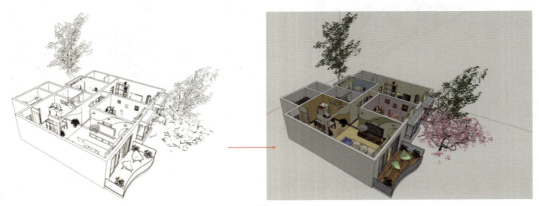
图1-12　模拟草图效果

SketchUp可以为模型表面赋予材质与贴图，如图1-13所示，并有2D、3D配景形成的图面效果，生成类似于钢笔淡彩的效果。同时SketchUp能够与众多软件对接兼容，不仅能与AutoCAD、3ds Max、Revit等常用设计软件进行快捷的文件转换互用，满足多个领域的设计需求，还能完美结合VRay、Piranesi、Artlantis等渲染器实现丰富多样的表现效果。

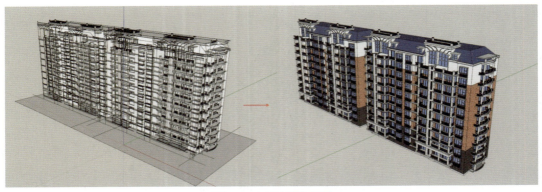
图1-13　赋予材质与贴图

SketchUp可以非常方便地生成任何方向的剖面，并形成可供演示的剖面动画，如图1-14所示。

图1-14　生成剖面

为了使建筑设计人员能够直观、准确地把握模型的尺度，评估分析一幢建筑的日照情况，SketchUp提供了方便快捷的阴影生成功能，如图1-15所示。

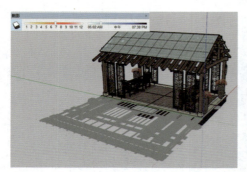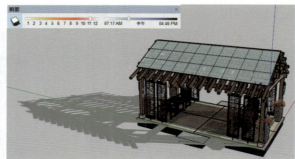

图1-15　不同时间的不同阴影效果

1.1.3　SketchUp 2023的新功能

SketchUp 2023与此前的版本相比有了一些改进，具体如下。

1. 更新封面人物

SketchUp 2022的封面人物为一名交握双手站立的男子，SketchUp 2023封面人物是一名站立的女子加一只猫，如图1-16所示。在【组件】面板中可以翻看历代版本使用的封面人物，如图1-17所示。

图1-16　封面人物　　　　　　图1-17　【组件】面板

2. 更新安装界面

在安装对话框中可以选择需要安装的插件，其中就包括后期渲染需要使用的V-Ray插件。但遗憾的是，随同安装的V-Ray无法使用，需要用户另外下载安装才能正常运行。

3. 新增镜像工具

新增【镜像】工具 ，可以翻转模型的方向，或者在翻转方向的同时创建副本。具体操作为：选择模型，激活【镜像】工具 ，在模型中显示三个面，分别是红轴面、蓝轴面、绿轴面。选择其中一个面，如红轴面，按下Ctrl键，进入复制模式。移动光标，确定镜像点，即可在指定的方向创建模型副本，操作过程如图1-18所示。

如果在移动红轴面时没有按住Ctrl键，则仅仅是调整模型的方向，不会得到模型副本。

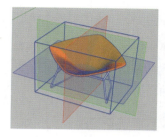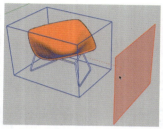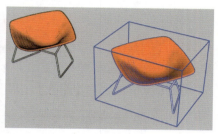

图1-18　镜像复制模型

4. 支持导入Revit模型

执行【文件】|【导入】命令，在打开的【导入】对话框中选择文件类型【Revit File（*.rvt）】，即可将Revit模型导入SketchUp场景中。

5. 更新【选择】命令

选择模型，右击，在关联菜单中定位至【选择】命令，在子菜单中新增【取消选择边线】【取消选择平面】两个命令，如图1-19所示。选择【取消选择边线】命令，取消选区内模型边线的选择，如图1-20所示。选择【取消选择平面】命令，则平面退出选择状态。

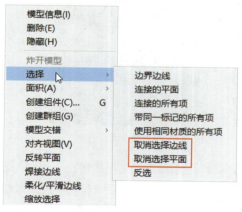

图1-19　关联菜单

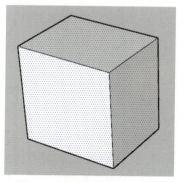

图1-20　取消选择边线的结果

6. 覆盖

执行【窗口】|【默认面板】|【覆盖】命令，打开【覆盖】面板，如图1-21所示。单击【发现更多】按钮，打开图1-22所示的对话框。单击插件进行下载，结束后插件显示在【覆盖】面板中。在建模过程中可以随时调用插件辅助操作。

图1-21 【覆盖】面板

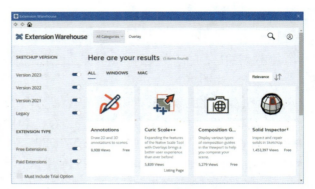

图1-22 选择插件

7. 现有工具优化

（1）【删除】工具。选择【删除】工具 ，按住Ctrl键，使光标滑过线段，可以在删除线段的同时使得曲面的转折更加平滑，如图1-23所示。以往的版本常常会出现漏选线段的情况，SketchUp 2023对【删除】工具进行优化，避免出现漏选的情况。

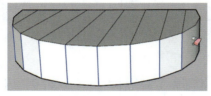

图1-23 删除线段

（2）【手绘线】工具。激活【手绘线】工具，在绘制线段的同时按Ctrl+"+"组合键，可以增加线段的顶点，如图1-24所示。按Ctrl+"-"组合键，则减少线段的顶点，如图1-25所示。

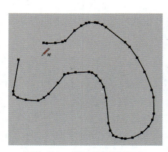
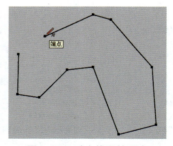

图1-24 增加线段的顶点　　　图1-25 减少线段的顶点

（3）【旋转矩形】工具、【2点圆弧】工具、【3点圆弧】工具测量输入的改进。选择【旋转矩形】工具、【2点圆弧】工具、【3点圆弧】工具，在图形绘制完毕还可以输入尺寸数据。例如，利用【2点圆弧】工具绘制一段半圆弧后，在数值输入框中输入【弧高】值，圆弧会实时更新显示样式，如图1-26所示。

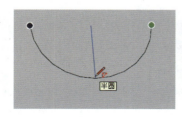

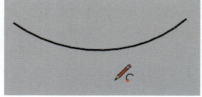

图1-26 修改圆弧的弧高

（4）【搜索】功能可以设置快捷键。执行【窗口】|【系统设置】命令，在打开的对话框左侧列表中选择【快捷方式】选项，在【过滤器】文本框中输入【搜索】，即可为其指定快捷键，如图1-27所示。

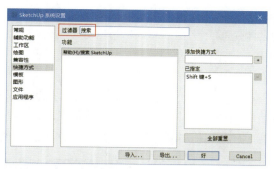

图1-27　设置快捷键

8. 实时协同工作

SketchUp 2023支持多人同时在线编辑模型，实现了实时协同工作。通过Trimble Cloud Connect，用户可以与其他设计师分享模型，并实时更新和同步数据。这种协同工作方式提高了工作效率，促进了团队之间的交流与合作。

1.2 SketchUp的应用领域

SketchUp由于其方便易学等优点受到设计人员的喜爱，迅速风靡全球，被广泛应用于各个领域，无论是在建筑、城市规划、园林景观设计中，还是在室内装潢、户型设计和工业品设计中，都可以看到SketchUp的应用。

1.2.1 建筑设计中的SketchUp

SketchUp在建筑设计中的应用十分广泛，目前，在实际建筑设计中，一般的设计流程是：构思→方案→确定方案→细化方案→绘制施工图纸。从初期场地构建到建筑大概形体确定。

SketchUp主要运用在建筑设计的方案阶段，在这个阶段需要建立一个大致的模型，然后通过这个模型来推敲建筑的体量、尺度、空间划分、色彩、材质及某些细部构造，如图1-28所示。

图1-28　建筑设计中的SketchUp

1.2.2 城市规划中的SketchUp

　　SketchUp在城市规划应用中的优势在于其直观便捷，不管是宏观的城市空间形态，还是相对较小的微观的规划设计，都能够通过SketchUp辅助建模提高规划编制的合理性。特别是在规划设计工作的方案构思、规划互动、设计过程与规划成果表达、感性择优方案等方面，它能够解放设计师的思维并大大提高其工作效率。

　　与其他软件相比，SketchUp在功能衔接、格式转换、软件编辑、视频模仿、三维演示等方面均体现出优势。其目的在于强化城市设计工作的公众参与性，使城市设计工作注入更丰富的感性元素和艺术效果，为建立未来数字化城市平台打下基础，如图1-29所示。

图1-29　城市规划中的SketchUp

1.2.3 园林景观中的SketchUp

　　与SketchUp在建筑设计和室内设计中的应用不同，SketchUp在景观项目中的应用主要以实际景观工程项目作为载体，如图1-30所示。SketchUp在创建地形高差等方面也可以产生非常直观的效果，并且拥有十分强大的景观素材库和贴图材质功能。

图1-30　园林景观设计中的SketchUp

　　从一个园林景观设计师的角度来说，SketchUp绝对是一款专业软件，它的引入在一定程度上提高了设计的工作效率和成果质量，随着软件包的不断升级，其在方案构思阶段推敲方案的功能也会越来越强大。

　　SketchUp拥有许多适合表现园林景观设计的视觉样式，图1-31和图1-32分别为【普通模式】和【带框的染色边线模式】下模型不同的显示效果。

图1-31　普通模式　　　　　　　　　　　　　　图1-32　带框的染色边线模式

1.2.4　室内设计中的SketchUp

　　室内设计是根据建筑物的使用性质、所处环境和相应标准，运用物质技术手段和建筑设计原理，创造功能合理、舒适优美、满足人们物质和精神生活需要的室内环境。这一空间环境既具有使用价值，满足相应的功能要求，又反映了历史文脉、建筑风格、环境气氛等精神因素。

　　现代室内设计是综合的室内环境设计，它既包括视觉环境和工程技术方面的内容，也包括声、光、热等物理环境，以及氛围、意境等心理环境和文化内涵方面的内容。

　　SketchUp能够通过3D的室内表达，在已知的房型图基础上快速建立3D室内模型。设计师可以通过添加门窗、家具、电器等组件，附上地板和墙面的材质，启动照明等方式快速展示自己的设计理念，如图1-33所示。

图1-33　室内设计中的SketchUp

1.2.5 工业设计中的SketchUp

　　工业设计的对象是批量生产的产品，区别于手工业时期单件制作的手工艺品。它要求必须将设计与制造、销售与制造加以分离，实行严格的劳动分工，以适应高效批量生产。

　　工业设计是现代化大生产的产物，研究的是现代工业产品，满足现代社会的需求。SketchUp在工业设计中的应用也越来越普遍，如图1-34所示。

图1-34　工业设计中的SketchUp

1.2.6 动漫设计中的SketchUp

　　游戏动漫是依托数字化技术、网络化技术和信息化技术对媒体从形式到内容进行改造和创新的技术，覆盖图形图像、动画、音效、多媒体等技术和艺术设计学科，是技术和艺术的融合和升华。

　　游戏动漫制作需要经过3D道具与场景设计、动漫三维角色制作、三维动画、特效设计等环节，SketchUp可以初步满足游戏动漫的制作，如图1-35所示。

图1-35　动漫设计中的SketchUp

1.3　SketchUp 2023欢迎界面

　　在第一次启动SketchUp 2023时，首先出现的是图1-36所示的欢迎界面，供用户学习和了解SketchUp，并设置工作模板。该欢迎界面主要有【文件】【学习】和【许可】三部分内容，分别用于展开相应的面板。

图1-36　SketchUp欢迎界面

1.【文件】面板

启动软件后，默认在欢迎界面中显示【文件】面板的内容。单击右上角的【更多模板】按钮，如图1-37所示，进入【模板】界面，如图1-38所示，根据不同的绘图要求选择模板即可。

图1-37　【文件】面板

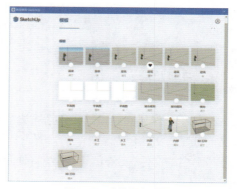

图1-38　【模板】界面

2.【学习】面板

在【学习】面板中显示知识内容，如图1-39所示。单击其中一个窗口，可以跳转至对应的网站，在其中查阅与SketchUp相关的内容，让读者通过小小的窗口感受到SketchUp的神奇魅力。

3.【许可】面板

进入【许可】面板，查看典型许可证的信息，如图1-40所示。

图1-39　【学习】面板

图1-40　许可证信息

1.4 SketchUp 2023工作界面

在欢迎界面中单击【开始使用SketchUp】按钮，即可进入SketchUp 2023的工作界面，如图1-41所示，该默认工作界面十分简洁，主要由标题栏、菜单栏、工具栏、绘图区、状态栏、数值控制框和窗口调整柄7个部分组成。

图1-41　SketchUp 2023工作界面

1.4.1　标题栏

标题栏位于工作界面最顶部，包括右边的【标准窗口控制】按钮（最小化、最大化、关闭）和当前打开的文件名称。

对于未命名的文件，SketchUp系统将其命名为【无标题】，如图1-42所示。

图1-42　标题栏

1.4.2　菜单栏

菜单栏位于标题栏下方。SketchUp 2023菜单栏由【文件】【编辑】【视图】【相机】【绘图】【工具】【窗口】【扩展程序】和【帮助】9个菜单构成，如图1-43所示，单击这些菜单可以打开相应的子菜单和次级菜单。

文件(F)　编辑(E)　视图(V)　相机(C)　绘图(R)　工具(T)　窗口(W)　扩展程序(x)　帮助(H)

图1-43　菜单栏

【文件】主要包含新建、保存、导入导出、打印、3D模型库，以及最近打开记录等命令。

【编辑】主要包含具体操作过程中的撤销返回、剪切复制、隐藏锁定和组件编辑等命令。

【视图】主要包含各类显示样式、隐藏几何图形、阴影、动画，以及工具栏选择等命令。

【相机】主要包括视图模式、观察模式、镜头定位等命令。

【绘图】包括6个基本的绘图命令和沙箱、地形工具。

【工具】主要包括测量和各类型的辅助、修改工具。

【窗口】主要包括基本设置、材质组件、阴影柔化、扩充工具等方面的弹出窗口栏。

【扩展程序】在菜单中显示插件子菜单，选择菜单命令即可执行相应的操作。

【帮助】主要包括开启界面、帮助，以及软件支持、许可证等基本信息。

1.4.3 工具栏

工具栏包括作图过程中常用的工具，如图1-44所示。

图1-44 工具栏

在工具栏上单击鼠标右键，将出现图1-45所示的工具栏列表快捷菜单，通过该快捷菜单可以快速设置某个工具栏的显示或隐藏，其中左侧有"√"标记的，表示该工具栏已经在工作界面上显示。

> **提示**
> 工具栏中的工具图标大小可以根据需要进行设置。执行【视图】|【工具栏】命令或者在工具栏上单击鼠标右键，选择快捷菜单中的【工具栏】命令，打开【工具栏】对话框，在【选项】选项卡中选择【大图标】复选框，如图1-46所示，即可将工具栏中的图标切换为大图标。

图1-45 快捷菜单

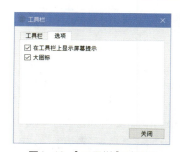

图1-46 【工具栏】对话框

1.4.4 绘图区

绘图区主要用于创建和编辑模型，绘图区由红、绿、蓝三色绘图坐标轴组成，是SketchUp工作界面中最大的区域，如图1-47所示。

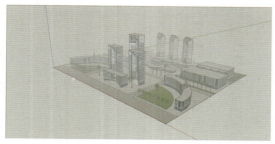

图1-47 绘图区

与Maya、3ds Max等大型三维软件平、立、剖及透视多视口显示方式不同，SketchUp为了界面简洁，仅设置了单视口，通过对应的工具按钮或快捷键，可以快速切换各个视图。

1.4.5 状态栏

状态栏位于SketchUp工作界面底端，当操作者在绘图区进行任意操作时，状态栏会出现相应的文字提示，根据这些提示，操作者可以更准确地完成操作，如图1-48所示。

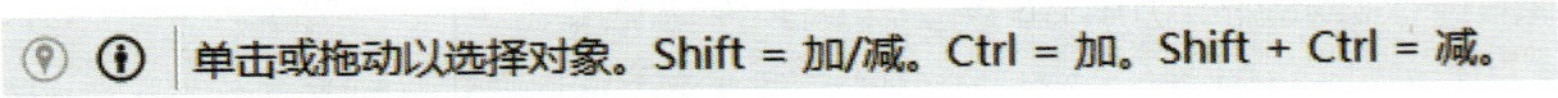

单击或拖动以选择对象。Shift = 加/减。Ctrl = 加。Shift + Ctrl = 减。

图1-48　状态栏

1.4.6 数值控制框

数值控制框位于SketchUp工作界面右下角，用于输入具体的操作数据，如【尺寸】【边数】【角度】等，如图1-49所示。输入具体的数据可以创建精确的模型。

尺寸 2541 mm, 1884 mm　　　边数 12　　　角度 90.0

图1-49　数值控制框

1.4.7 窗口调整柄

窗口调整柄位于数值控制框右侧，用于调整SketchUp窗口大小。

1.5 设置工作界面

SketchUp的系统属性可为程序设置许多不同的特性。对SketchUp工作界面进行优化，可以在很大程度上加快系统运行速度，提高作图效率。

1.5.1 设置系统信息

执行【窗口】|【系统设置】命令，在弹出的【SketchUp系统设置】对话框中设置系统参数，从而优化SketchUp工作界面，如图1-50所示。该对话框左侧为选项卡列表，首先在该列表中选择需要设置的选项卡，然后在对话框右侧设置详细的选项参数。

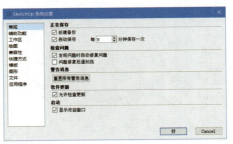

图1-50　设置系统参数

1.【常规】选项卡

【常规】选项卡主要包括文件保存、模型检查，以及SketchUp软件更新的提示设置，如图1-51所示。

【创建备份】选择【创建备份】复选框后，在保存文件时会自动创建文件备份，备份文件与保存文件在同一文件夹中。备份文件扩展名为.skb，若遇到意外情况导致SketchUp非人为关闭，则找到相应的skb文件将其扩展名更改为skp，即可在SketchUp中将其打开。

【自动保存】选择该复选框后，SketchUp可以每隔一段时间自动生成一个自动保存文件，与当前编辑文件保存于同一文件夹中，可根据个人需要在右侧的自动保存时间文本框中设置系统自动保存时间。

注意：若自动保存设置时间短，则频繁的自动保存会影响工作效率。若自动保存设置时间长，则起不到自动保存的作用。

【检查问题】可随时发现并及时修复模型中出现的错误，该选项组选项建议全部选择。

【警告消息】单击下方的【重置所有警告消息】按钮可以重置警告信息。

【软件更新】选择【允许检查更新】复选框后，系统会自动提示软件更新。

【启动】选择【显示欢迎窗口】复选框，在启动软件时会打开欢迎界面。

2.【辅助功能】选项卡

在【辅助功能】选项卡中设置辅助工具的颜色，包括【轴和方向颜色】和【其他颜色】，如图1-52所示，其中轴的类型包括红色轴线、绿色轴线和蓝色轴线。单击【全部重置】按钮，撤销设置，返回默认值。

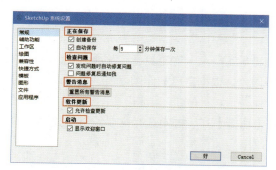

图1-51 【常规】选项卡

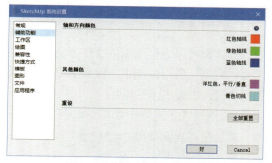

图1-52 【辅助功能】选项卡

3.【工作区】选项卡

在【工作区】选项卡中选择【使用大工具按钮】复选框，如图1-53所示，在工作区中显示尺寸较大的工具按钮，取消选择该复选框，则以常规尺寸显示工具按钮。

4.【绘图】选项卡

【绘图】选项卡设置鼠标操作有关的选项，包括【单击样式】【套索方向】与【杂项】，如图1-54所示。

【单击样式】选项组用于设置鼠标对单击操作的反馈。

【单击-拖拽-释放】【线】工具的画线方式只能在一个点上按住鼠标然后拖动，再在另一个端点处松开鼠标完成画线。

【单击-移动-单击】通过单击线段的端点进行画线。

 提示　系统默认设置为【自动检测】，系统可以自动切换上述两种画线方式。

15

【连续画线】直线工具会从每一个新画线段的端点开始画另外一条线。若不选择，则可自由画线。

【顺时针交叉差选择】/【逆时针交叉差选择】选择单选按钮，确定绘制套索的方向。

【显示十字准线】可切换跟随绘图工具的辅助坐标轴线的显示和隐藏，有助于在三维空间中更快速定位。

【停用推/拉工具的预选取功能】可在推/拉一个实体时，从其他实体上捕捉到推/拉距离。

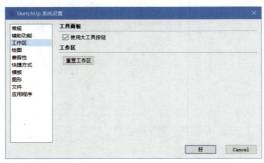

图1-53 【工作区】选项卡

图1-54 【绘图】选项卡

5.【兼容性】选项卡

【兼容性】选项卡参数如图1-55所示。

【组件/群突出显示】设置选择组件或群组内模型时，边线是否突出显示。

【鼠标轮样式】SketchUp默认鼠标滚轮向前滚动为靠近物体、向后滚动为远离物体。选中【反转】复选框，则设置与默认操作相反。

6.【快捷方式】选项卡

快捷键可以为作图提供很多方便，设置快捷键后可隐藏一些工具条，从而有更大的绘图区操作空间，所以快捷键的设置十分必要。很多时候，根据自己的作图习惯，可以设置常用的快捷键，以加快作图速度。

【快捷方式】选项卡如图1-56所示，首先在【功能】列表框中选择需要设置快捷键的命令，然后在右侧查看和更改快捷键。

图1-55 【兼容性】选项卡

图1-56 【快捷方式】选项卡

7.【模板】选项卡

【模板】选项卡用于设置SketchUp的绘图模板，一般情况下选用【建筑（单位：Millimeter）】模板，如图1-57所示。向下滑动滑块，查看其他模板。根据不同类型的项目选择模板，单击【好】按钮即可。

提示 用户也可以自定义个性化的模板。首先新建一个文件，进行绘图单位、标注样式、风格样式等设置，然后执行【文件】|【另存为】命令，生成一个SPK文件。最后在【SketchUp系统设置】对话框选中自定义模板，单击【好】按钮即可。

8.【图形】选项卡

【图形】选项卡参数设置如图1-58所示，在【图形设置】选项区中选择【多级采样消除锯齿】的级别，默认选择【4x】级别。选中【使用快速反馈】与【使用最大纹理尺寸】复选框，使模型贴图能以最优化的方式显示。

单击【图形卡和详细信息】按钮，在打开的对话框中显示计算机显卡信息。

图1-57 【模板】选项卡　　　　　　　图1-58 【图形】选项卡

9.【文件】选项卡

该选项卡可设置各种常用项的文件路径，可直接进入设置好的文件夹中选取，便于浏览，如图1-59所示。若要修改路径，则单击【文件夹】按钮🗁，在弹出的对话框中指定新的文件路径。

10.【应用程序】选项卡

该选项卡用于设置默认图像编辑器，以编辑贴图等图像文件，SketchUp的默认图像编辑器为Photoshop，如图1-60所示。

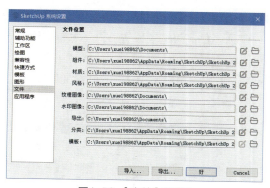
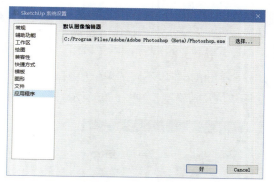

图1-59 【文件】选项卡　　　　　　　图1-60 【应用程序】选项卡

1.5.2 设置SketchUp模型信息

在【窗口】菜单中选择【模型信息】命令，在弹出的【模型信息】对话框中可对场景模型的尺寸、单位、文本等内容进行设置，如图1-61所示。

1.【尺寸】选项卡

【尺寸】选项卡用于设置模型尺寸标注的文字字体、大小、引线和尺寸样式，如图1-62所示。

图1-61　【模型信息】对话框　　　　　　图1-62　【尺寸】选项卡

【文本】单击【字体】按钮，即可进入文字编辑器，对文字的字体、样式、大小进行编辑。单击色块■，可进入颜色编辑器对文字颜色进行编辑，如图1-63所示。

【引线】用于设置尺寸标注引线的显示方式，包括无、斜线、点、闭合箭头和开放箭头5个选项，如图1-64所示。

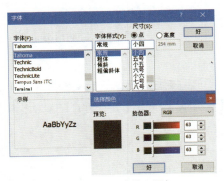
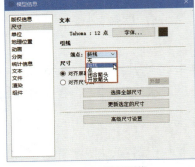

图1-63　编辑字体和颜色　　　　　　图1-64　设置引线

【尺寸】用于设置标注的对齐方式，主要包括对齐屏幕和对齐尺寸线两种，可以根据需要选择标注的对齐方式。还可以对尺寸标注进行图1-65所示的高级选项设置。

2.【单位】选项卡

SketchUp能以不同的单位绘图，包括【度量单位】和【角度单位】，可设置文件默认的绘图单位及精确度，如图1-66所示。

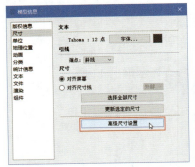
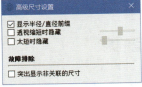
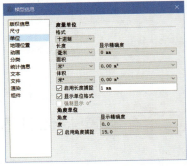

图1-65　尺寸设置　　　　　　图1-66　单位设置

3.【地理位置】选项卡

SketchUp可给模型设定地理位置和时区，SketchUp将提供正确的逐时太阳方位和角度，如图1-67所示。即使不经由建筑性能分析软件进行日照模拟，也可以直接在SketchUp中简单模拟太阳光照射状态。

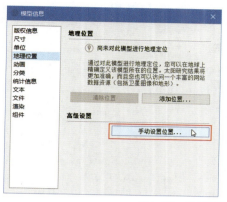

图1-67　地理位置设置

4.【动画】选项卡

在【动画】选项卡中可设置场景切换的过渡时间和拖延时间，方便动画的制作和调整，如图1-68所示。

5.【统计信息】选项卡

【统计信息】选项卡用于统计当前场景中各种模型元素的名称和数量，如图1-69所示。
【整个模型】用于显示整体模型信息。

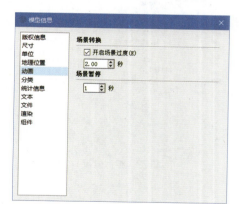

图1-68　动画设置　　　　　　　　　　图1-69　统计信息设置

【显示嵌套组件】选择此复选框将显示组件内部信息。

【清除未使用项】用于清除模型中未使用的组件、材质、图层、图形等多余的模型元素，可为模型大幅度"瘦身"。

【修正问题】用于检测模型中出错的元素，且尽量自动修正。

6.【文本】选项卡

【文本】选项卡用来设置视图中的文字信息，与尺寸选项的设置十分类似，如图1-70所示，主要包括【屏幕文字】【引线文字】和【引线】3个设置选项。单击【字体】按钮，进入文字编辑器，可对文字的字体、样式、大小进行编辑。单击字体右侧色块■，进入颜色编辑器，可对文字颜色进行编辑。

7.【文件】选项卡

【文件】选项卡主要管理模型文件信息，包括【常规】和【对齐】设置选项。其中【常规】选项包括SketchUp文件相关信息，可设置文件存储位置、尺寸和名称，并可在说明中加入自定义信息，如图1-71所示。

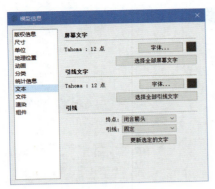

图1-70　文本设置

图1-71　文件设置

8.【渲染】选项卡

【渲染】选项卡用于提高消除锯齿纹理来提高系统性能和纹理质量，如图1-72所示。

9.【组件】选项卡

【组件】选项卡用于控制类似组件或其余部分的显隐效果，如图1-73所示。本书后面章节还会对组件的相关内容进行详细讲解。

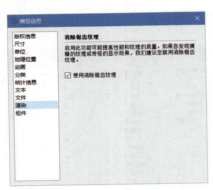

图1-72　渲染设置

图1-73　组件设置

1.5.3　设置快捷键

在重装系统或重新安装SketchUp后，以前设置的快捷键将全部消失。SketchUp为此提供了快捷键导入与导出功能，免去每次重装都要重新设置快捷键的麻烦。

1. 添加快捷方式

这里以设置【推/拉】工具的快捷键为例，讲解添加快捷键的方法。

（1）要设置快捷键，需要打开【SketchUp系统设置】对话框，选择【快捷方式】选项卡。

（2）在【功能】列表框中选中【工具（T）/推/拉（P）】选项，在【添加快捷方式】文本框中输入大写字母P，单击右侧的 + 按钮，如图1-74所示。

（3）【已指定】文本框中将出现字母P，单击【好】确定设置，如图1-75所示。

（4）单击【好】按钮关闭对话框，即完成【推/拉】工具的快捷键设置。

图1-74 添加快捷键

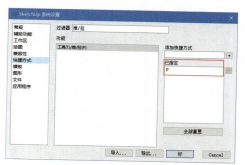

图1-75 添加完成

2. 修改快捷方式

用户可以根据需要随时更改已经设置的快捷键，具体操作方法如下。

（1）在【功能】列选框中选中【工具（T）/推/拉（P）】选项，在【已指定】文本框中可以查看到已经设置的快捷键P，单击右侧的【删除】按钮 —，如图1-76所示。

（2）此时【已指定】文本框中的快捷键消失，单击【好】按钮确认修改，如图1-77所示。

（3）在【已指定】文本框中输入快捷键，单击右侧的 + 按钮，即可设置其他的快捷键。

图1-76 删除快捷方式

图1-77 确认删除

3. 快捷键的导入与导出

快捷键设置完成后，单击【快捷方式】选项卡中的【导出】按钮，在出现的【输出预置】对话框中单击【选项】，在出现的【导出系统设置选项】对话框中选中【快捷方式】和【文件位置】复选框，然后指定文件名和保存路径，即可保存为一个DAT格式的预置文件，如图1-78所示，该预置文件即包含了当前所有的快捷键设置。

图1-78 输出预置

重装SketchUp之后，重新打开【SketchUp系统设置】对话框，选择【快捷方式】选项卡，先单击右下角的【全部重置】按钮重置快捷键，再单击【导入】按钮，选择前面保存的DAT预置文件，单击【好】按钮确认导入即可。

第2章

SketchUp 基本绘图工具

SketchUp拥有灵活和强大的三维建模功能，通过简单的操作，即可创建出精细的模型。这主要得力于SketchUp简洁、轻便的绘图工具。三维建模的一个最重要的方式就是从"二维到三维"，即首先使用绘图工具栏中的二维绘图工具绘制平面轮廓，然后通过【推/拉】等编辑工具生成三维模型。

本章将详细讲解绘图工具、编辑工具、实体工具和沙箱工具的使用方法和技巧。

2.1 绘图工具

SketchUp中的所有模型都是由点、线、面构成的，这些基本的作图工具看似简单，其作用却不容忽视。【绘图】工具栏主要包括图2-1所示的【直线】工具、【手绘线】工具、【矩形】工具、【旋转长方形】工具、【圆】工具、【多边形】工具、【圆弧】工具、【两点圆弧】工具、【3点圆弧】工具和【扇形】工具。

图2-1 基本绘图工具

2.1.1 直线工具

【直线】工具用于画单段直线、多段连接线或闭合的形体，也可用于分割表面或修复被删除的表面。操作熟练后，直线工具还能快速准确地画出复杂的三维几何体。

激活【直线】工具，在平面任意位置处单击鼠标左键确定线段的第一个端点，移动鼠标确定第二个端点的方向，此时数值控制框中会动态显示线段的长度，通过键盘输入一个精确的线段长度，或者通过对某点的捕捉来确定第二个端点。

2.1.2 实例——绘制指示牌纹理

微课视频

下面通过实例介绍利用【直线】工具绘制指示牌纹理的方法。

（1）打开配套资源提供的【指示牌.skp】文件，如图2-2所示。

（2）选择【直线】工具，在指示牌上指定起点，向右上角移动光标，拾取边线中点，如图2-3所示，单击左键绘制线段。

（3）选择【删除】工具，将光标放置在待删除的线段上，如图2-4所示。单击鼠标左键删除线段，效果如图2-5所示。

图2-2　打开文件

图2-3　绘制线段

图2-4　选择线段

图2-5　删除线段

（4）继续利用【直线】工具🖊绘制线段，如图2-6所示。因为线段经过木制纹理模型，所以模型被削去一块，如图2-7所示。

（5）利用【删除】工具🧽删除线段，恢复模型的显示，效果如图2-8所示。

（6）重复上述操作，继续在指示牌上绘制线段，再利用【删除】工具🧽删去多余的线段，如图2-9所示。

图2-6　绘制线段

图2-7　影响其他模型被削去一块

图2-8　删除线段

图2-9　绘制效果

（7）单击【颜料桶】工具🎨，打开【材质】面板，选择【编辑】选项卡，选择【拾色器】为【RGB】，修改颜色参数，如图2-10所示。

（8）将光标放置在填充区域中，单击鼠标左键填充材质，如图2-11所示。

（9）在【材质】面板中更改颜色参数，如图2-12所示，继续为纹理填充颜色。

（10）执行【视图】|【阴影】命令，添加阴影效果，最终效果如图2-13所示。

图2-10　参数设置

图2-11　填充材质

图2-12　参数设置

图2-13　最终效果

在绘制线段时将光标沿坐标轴方向移动，绘制出的线段将与坐标轴平行，还会出现一条与坐标轴颜色相同的参考线，如图2-14所示。若按住Shift键开启锁定捕捉功能，那么绘制的线段将变粗，若不松开Shift键，则【直线】工具 ✏ 将只能在此轴上移动，如图2-15所示。

图2-14　捕捉参考　　　　　　图2-15　锁定捕捉

2.1.3　手绘线工具

　　【手绘线】工具 ✍ 主要用于绘制不共面、不规则的连续线段或特殊形状的线条和轮廓。

　　激活【手绘线】工具 ✍ ，按住鼠标左键进行绘制，松开左键后即绘制完成一条曲线。这条手绘曲线为一整条曲线，若想进行局部修改，则需选中曲线后单击鼠标右键，选择快捷菜单中的【分解曲线】命令，如图2-16所示，分解后再进行编辑。

图2-16　分解曲线

为避免占用过多系统资源，一般情况下用手绘线工具绘制出的曲线都是经SketchUp自动优化路径后形成的。若按住Shift键绘制，则绘制出完整的鼠标路径，此时线条包含更多细节并且不显示线宽，不会自动封闭成面，不能交错，也捕捉不到端点，不能被炸开且【选择】工具 ▶ 不能将其选中，如图2-17所示。

图2-17　特殊曲线

2.1.4 矩形工具

【矩形】工具 主要通过指定矩形的对角点来绘制矩形表面。

激活【矩形】工具 ，在平面中的任意位置确定矩形的第一个角点，向对角线方向拖动光标，此时在数值控制框中会动态显示矩形的尺寸。输入矩形的长和宽数值，数值之间用【，】隔开，按Enter键确定即可，如图2-18所示。

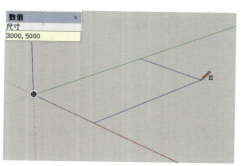

图2-18 绘制普通矩形

 提示　在数值控制框中输入矩形长和宽数值时，数值控制框底色将由白色变为浅黄色；输入的数值为负数时，绘制出的矩形与拖动光标的方向相反；绘制好矩形之后，再通过键盘在数值控制框中输入精确的尺寸也可确定矩形尺寸。

2.1.5 实例——绘制新中式灯具

微课视频

下面通过实例介绍利用矩形工具绘制新中式灯具的方法。

（1）选择【矩形】工具 ，在绘图区单击指定起点，拖曳鼠标绘制一个矩形，接着输入尺寸，按Enter键结束绘制，如图2-19所示。

（2）选择【推/拉】工具 ，选择矩形面向上推拉，输入高度后按Enter键即可，如图2-20所示。

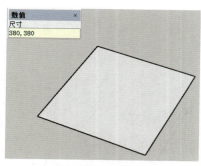

图2-19 绘制矩形

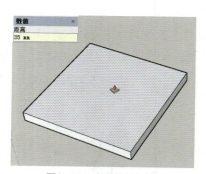

图2-20 向上推拉矩形面

（3）选择【矩形】工具 ，输入尺寸绘制矩形，如图2-21所示。

（4）双击全选矩形，右击，在弹出的快捷菜单中选择【创建组件】命令，在打开的对话框中单击【创建】按钮，如图2-22所示，将矩形创建成组件。

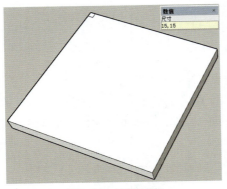

图2-21　绘制矩形　　　　　　　　图2-22　创建组件

 提示　　将矩形创建成组件是为了方便拉伸、复制。

（5）双击矩形进入编辑模式，选择【推/拉】工具 ，选择矩形面，设置推拉距离，按
Enter键后完成推拉，结果如图2-23所示。

（6）选择【移动】工具 ✥，按住Ctrl键向左移动复制矩形，如图2-24所示。

（7）重复操作，继续复制矩形，结果如图2-25所示。

（8）选择【矩形】工具 ◩，指定起点、终点绘制矩形，如图2-26所示。

 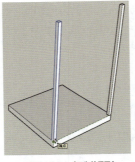  

图2-23　推拉矩形面　　　　图2-24　复制矩形　　　　图2-25　复制结果　　　　图2-26　绘制矩形

（9）选择【推/拉】工具 ⬧，设置距离，向上推拉矩形面，如图2-27所示。

（10）选择【偏移】工具 ◢，选择矩形面，向内移动光标，输入偏移距离，按Enter键结束
操作，如图2-28所示。

（11）选择【推/拉】工具 ⬧，选择面向下移动光标，当出现【在平面上】的提示时单击，
如图2-29所示，即可推空矩形面，如图2-30所示。

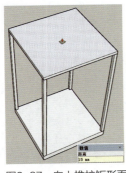 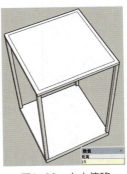  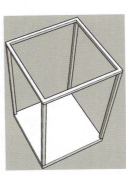

图2-27　向上推拉矩形面　　图2-28　向内偏移　　　图2-29　显示提示　　　图2-30　推空结果

（12）选择【卷尺】工具 ，拾取底部矩形的边向内拖动光标，输入距离创建参考线，如图2-31所示。

（13）选择【矩形】工具 ▧，拾取参考线，指定起点、终点绘制矩形，并选择【推/拉】工具 ▲，输入距离70mm，向上推拉矩形面，如图2-32所示。

（14）选择绘制完成的模型，激活【移动】工具 ✛，按住Ctrl键向右移动复制，删除中间的矩形，如图2-33所示。

图2-31　创建参考线

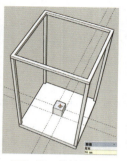
图2-32　推拉矩形面

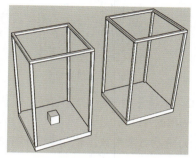
图2-33　复制模型

（15）调整视图的角度，选择在步骤（14）中得到的副本模型，选择【推/拉】工具 ▲，向上推拉底面，距离为20mm，如图2-34所示。

（16）选择调整后的模型，激活【缩放】工具 ▧，将光标放置在对角点上，输入比例因子0.8，按Enter键缩小模型，如图2-35所示。

（17）继续对模型执行缩放操作。将光标放置在顶面中间的夹点上，向下移动光标，沿蓝轴缩小模型，输入比例因子0.85，按Enter键结束操作，如图2-36所示。

图2-34　向上推拉底面

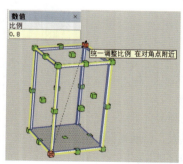
图2-35　利用对角点缩小模型

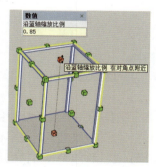
图2-36　沿蓝轴缩小模型

（18）选择【矩形】工具 ▧，指定起点与终点，拖动光标，如图2-37所示，绘制矩形封闭顶面，如图2-38所示。

（19）重复上述操作，绘制矩形封闭侧面，如图2-39所示。

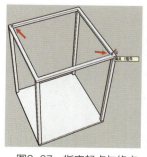
图2-37　指定起点与终点

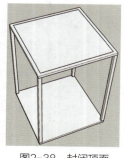
图2-38　封闭顶面

图2-39　绘制矩形封闭侧面

（20）闭合侧面的效果如图2-40所示。

（21）激活【移动】工具✛，移动模型，结果如图2-41所示。

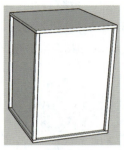 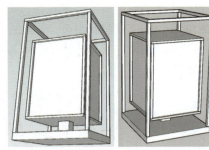

图2-40　封闭侧面　　　　　　　　　图2-41　移动模型

（22）选择【颜料桶】工具🎨，在【材质】面板中设置参数，在模型面上单击，为其填充材质，如图2-42所示。

（23）更改材质参数，为灯罩赋予材质。打开阴影效果，完成灯具的绘制，如图2-43所示。

 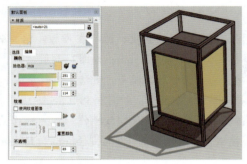

图2-42　填充材质　　　　　　　　　图2-43　最终效果

2.1.6　圆工具

【圆】工具◑主要用于绘制正圆实体模型。在SketchUp中绘制的圆实际上是由直线段围合而成的。圆的段数越多，曲率越大，圆看起来就越光滑。

下面介绍三种绘制具有精确半径的圆的方法。

激活【圆】工具◑，数值控制框中显示当前圆的侧面数为24，如图2-44所示。按Enter键确认，或者输入新的数值，再按Enter键确认。在绘图区指定圆心位置，在数值控制框中输入圆的半径数值，按Enter键完成圆的绘制，如图2-45所示。

 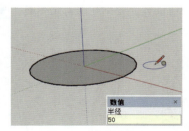

图2-44　设置圆侧面数　　　　　　　图2-45　设置半径

指定圆心后在绘图区绘制一个圆，选中圆的边线，右击，在快捷菜单中选择【模型信息】命令，在弹出的【图元信息】面板中修改圆的【半径】和【段】数值，然后按Enter键确定，如图2-46所示。

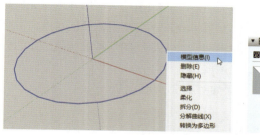

图2-46　设置图元信息

指定圆心后在绘图区随意绘制一个圆，此时数值控制框中显示的是该圆的半径值。输入半径数值后按Enter键确定，输入【圆的段数+s】，按Enter键确定，绘制结果如图2-47所示。修改段数和半径的操作没有先后顺序之分，可按个人习惯调换更改顺序。

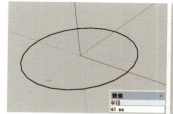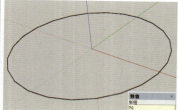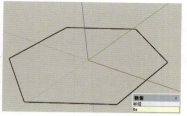

图2-47　修改圆参数

**提示**　　圆的侧面边数不宜设置太大，增加侧面边数会使模型变得复杂。若想使圆看起来更光滑，则可以结合【柔化边线和平滑表面】工具来实现。

2.1.7　多边形工具

【多边形】工具 主要用于绘制侧面数为3～999的外接圆正多边形实体模型。可以单击鼠标右键，在关联菜单中选择【图元信息】选项查看多边形信息，如图2-48所示。

【多边形】工具 的用法与【圆】工具 的用法十分相似，唯一的区别在于执行拉伸操作之后，利用【圆】工具 绘制的图形可以自动柔化边线，而利用【多边形】工具 绘制的图形则不会，如图2-49所示。

图2-48　利用【圆】工具绘制　　　　图2-49　利用【多边形】工具绘制

2.1.8　圆弧工具

圆弧是由多个直线段连接而成的，但可以像圆弧曲线那样进行编辑。

1. 绘制圆弧

激活【圆弧】工具，指定起点，移动光标，在数值输入框中显示光标与起点的距离。单击指定终点，向右上角移动光标，在数值输入框中实时更新圆弧的角度，也可以直接输入角度，如输入90.0，将圆弧的角度指定为90度。如果绘制的是特殊圆弧，如四分之一圆，会在光标的右下角显示提示文字。

指定角度后按Enter键结束绘制，结果如图2-50所示。

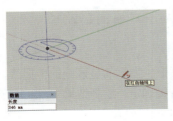 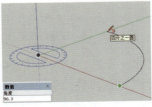 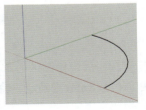

图2-50 绘制圆弧

2. 两点圆弧

激活【两点圆弧】工具，在绘图区指定圆弧的第一个端点，沿弦的方向拖动光标，在数值控制框中输入弦长，按Enter键确定，再输入弧高参数，按Enter键确定，如图2-51所示。绘制圆弧时，数值控制框首先显示的是圆弧的弦长，然后是圆弧的弧高。

 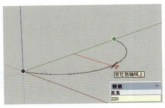 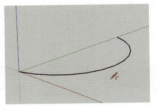

图2-51 指定两点与弧高绘制圆弧

2.1.9 扇形工具

选择【扇形】工具，通过定义原点、半径和终点来绘制一个扇形平面。

启用命令后，单击指定原点，移动光标，输入长度值，按Enter键，接着输入角度值，按Entet键结束绘制，如图2-52所示。

 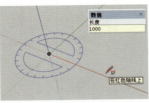 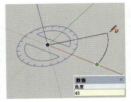 

图2-52 绘制扇形

2.2 编辑工具

【编辑】工具栏主要包括图2-53所示的【移动】工具、【推/拉】工具、【旋转】工具、【路径跟随】工具、【比例】工具、【镜像】工具、【偏移】工具。这些工具是

SketchUp非常重要的一组作图工具，一般用于基本绘图工具作图后的编辑加工。

图2-53　【编辑】工具栏

2.2.1　移动工具

【移动】工具✛主要用于移动、拉伸和复制几何体，通过对点、线、面的移动来编辑形体，在某些情况下还可以用来旋转组件。

用【选择】工具▶选中要移动的模型元素或实体，激活【移动】工具✛，选中移动基点，移动鼠标指定移动方向，确定目标点，如图2-54所示。移动方向也可以通过键盘上的方向键确定。

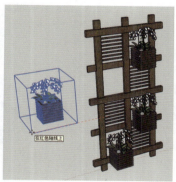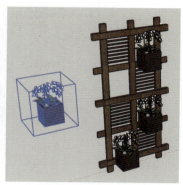

图2-54　移动对象

执行移动命令时，数值控制框中会动态显示移动的距离，可以输入一个距离值确定要移动的距离，如图2-55所示。

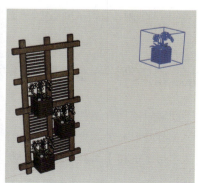

图2-55　输入移动距离

 还可以在数值控制框中输入目标点空间三维坐标，不过这种方法很少用。

移动基点不一定必须在被移动的实体上，可以捕捉任意点。在移动实体时更多的是捕捉被移动物体以外的点，以已知的线段或两点作为参照，可使得移动更方便、精确。如图2-56～图2-58所示，分别为通过端点、边线和平面将实体移动。

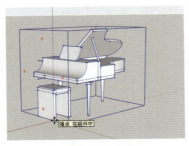
图2-56 端点

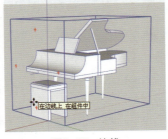
图2-57 边线

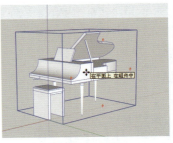
图2-58 平面

若在没有选择任何实体的情况下激活【移动】工具✥，则移动光标会自动选择光标处的任何点、线、面或者模型实体，选中物体的点会成为移动的基点。若不选中基点，而是在出现四个红色定位点之后将光标移动到其中一个定位点上，则可暂时激活【旋转】工具↻，如图2-59所示。

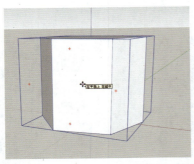
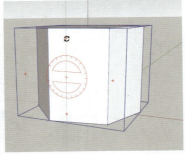
图2-59 激活旋转功能

> **提示**
>
> 在进行移动操作之前或移动的过程中按住Shift键锁定参考，可以避免捕捉中的干扰。
>
> 移动组件实际上只是移动该组件的一个关联体，不会改变组件的定义，除非直接对组件进行内部编辑。（若一个组件吸附在一个表面上，则移动时它会继续保持吸附，直到移动出这个表面时才断开连接，吸附组件的副本仍然不变。）

2.2.2 实例——阵列复制护栏

下面通过实例介绍利用移动工具复制线性阵列的方法。

（1）打开配套资源中的【护栏模型.skp】文件，如图2-60所示。

（2）用【选择】工具 ▸ 选中模型，激活【移动】工具✥，拾取端点，如图2-61所示。

图2-60 打开文件

图2-61 拾取端点

SketchUp实用教程（第2版）室内·建筑·景观设计（微课版）

（3）按住Ctrl键，向右拖动光标进行移动复制，在数值控制框中输入复制距离7420mm，按Enter键确定，再输入份数/3，如图2-62所示。

（4）按Enter键确定，在指定的距离之间阵列复制护栏的结果如图2-63所示。

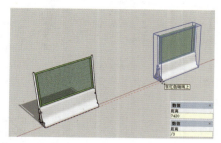

图2-62　输入距离与份数

图2-63　阵列复制的结果

（5）在数值控制框中输入复制距离3000，份数*3，如图2-64所示。

（6）按Enter键确定，按照指定的距离分布护栏副本，如图2-65所示。

图2-64　输入参数

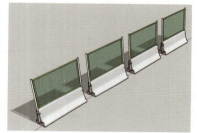

图2-65　等距复制的结果

2.2.3　实例——完善健身器材模型

微课视频

下面通过实例介绍利用移动工具完善健身器材模型的方法。

（1）打开【健身器材模型.skp】文件，如图2-66所示。

（2）选择单层建筑单体，激活【移动】工具✛，在模型上拾取中点，如图2-67所示。

（3）按住Ctrl键向上移动光标，形状由✛变为✛，输入距离，如图2-68所示。

（4）按Enter键确定，结果如图2-69所示。

图2-66　打开文件

图2-67　拾取中点

图2-68　输入距离

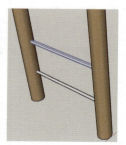

图2-69　复制结果

（5）重复上述操作，继续向上复制模型，如图2-70所示。

（6）单击【移动】工具✛，拾取模型的中点作为基点，如图2-71所示。

（7）按住Ctrl键向右移动光标，在数值控制框中依次输入距离参数、份数，如图2-72所示。

（8）按Enter键确定，最终效果如图2-73所示。

图2-70　继续绘制模型

图2-71　指定点

图2-72　输入参数

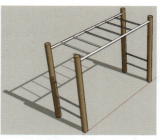
图2-73　最终效果

2.2.4　实例——创建景观凳子

微课视频

下面通过实例介绍利用移动工具创建景观凳子的方法。

（1）选择【矩形】工具 ，按键盘上的方向键切换至绿轴，如图2-74所示。

（2）单击指定起点与对角点，在数值控制框中输入尺寸参数，按Enter键绘制矩形，如图2-75所示。

图2-74　切换轴

图2-75　绘制矩形

（3）选择【卷尺】工具 ，参考矩形的顶部边线向下拖动光标，输入距离20，按Enter键创建参考线，如图2-76所示。

（4）激活【两点圆弧】工具 ，指定起点、终点及弧高，绘制圆弧，如图2-77所示。

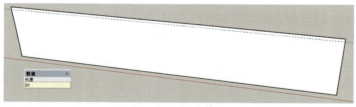
图2-76　创建参考线

图2-77　指定点绘制圆弧

（5）绘制圆弧的效果如图2-78所示。

（6）继续在矩形右上角绘制圆弧，如图2-79所示。

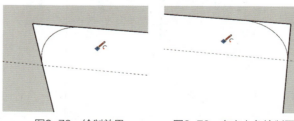
图2-78　绘制效果　　　　　图2-79　在右上角绘制圆弧

（7）激活【偏移】工具 ，选择矩形面向内拖动光标，输入距离50，如图2-80所示，按

SketchUp实用教程（第2版）室内·建筑·景观设计（微课版）

Enter键确定。

（8）参考前面的做法，先创建参考线，再在内矩形左上角绘制圆弧，如图2-81所示。绘制完毕，继续在内矩形右上角绘制圆弧。

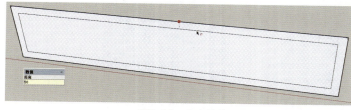

图2-80　向内偏移

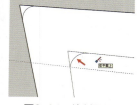

图2-81　绘制圆弧

（9）选择【直线】工具，在矩形左下角绘制垂直线段，如图2-82所示，接着在矩形右下角绘制线段。

（10）激活【删除】工具 ✐，将光标放置在矩形中，如图2-83所示，单击删除多余的线与面。

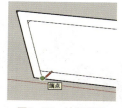

图2-82　绘制线段

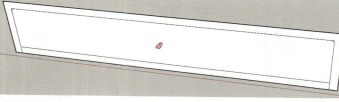

图2-83　选择线面

（11）删除结果如图2-84所示。

（12）选择【推/拉】工具 ，选择面向内推，输入距离50，按Enter键确定，如图2-85所示。

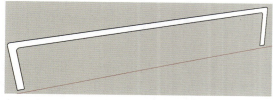

图2-84　删除结果

图2-85　推拉结果

（13）全选模型，右击，在右键关联菜单中选择【创建群组】选项，如图2-86所示。

（14）选择【移动】工具 ，指定左下角点为基点，如图2-87所示。

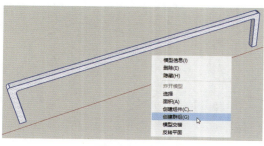

图2-86　创建群组

图2-87　拾取基点

（15）按住Ctrl键向右移动，输入复制距离、份数，如图2-88所示。

（16）按Enter键确定，结果如图2-89所示。

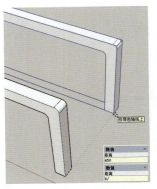

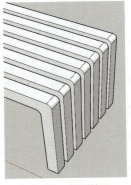

图2-88　输入参数　　　　　图2-89　复制结果

（17）添加花盆与植物，放置在凳子中间，如图2-90所示。

（18）激活【颜料桶】工具，在【材质】面板中选择材质，如图2-91所示。

（19）为坐凳赋予材质，打开阴影效果，最终效果如图2-92所示。

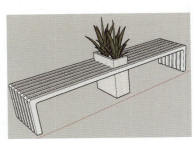

图2-90　添加花盆与植物　　　图2-91　设置材质参数　　　图2-92　最终效果

2.2.5　推/拉工具

【推/拉】工具主要用于扭曲和调整模型中的表面，可以用来移动、挤压、结合和减去表面，不管是进行体块研究，还是精确建模，都是非常有用的。【推/拉】工具只能作用在平面上，因此不能在线框显示模式下工作，也不能推拉曲面。

在数值控制框中输入精确的推拉距离值，将平面推拉，如图2-93所示。可以输入负值，表示向相反方向推拉。

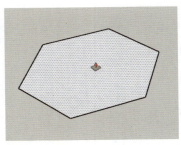
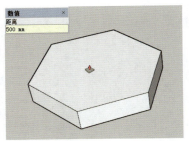

图2-93　推拉表面

> 技巧：重复推拉。在完成一个推拉操作后，SketchUp自动记忆此次推拉的数值，而后可以双击鼠标左键对其他平面应用相同的推拉值。

2.2.6 实例——创建柱墩

下面通过实例介绍利用推拉工具创建柱墩的方法。

（1）选择【矩形】工具 ，指定对角点，在数值控制框中输入尺寸参数，绘制矩形如图2-94所示。

（2）选择【推/拉】工具 ，选择矩形面向上推拉，距离为380，如图2-95所示。

（3）激活【偏移】工具 ，选择矩形顶面往外拖动光标，输入距离15，如图2-96所示。

（4）按Enter键确定，偏移结果如图2-97所示。

图2-94　绘制矩形　　　　图2-95　推拉结果　　　　图2-96　输入距离　　　　图2-97　偏移结果

（5）选择【推/拉】工具 ，选择矩形面向上推拉，距离为120，如图2-98所示。

（6）双击中间的矩形面，系统将以相同的距离向上推拉，结果如图2-99所示。

（7）选择【删除】工具 ，删除多余的线段，如图2-100所示。

（8）激活【圆弧】工具 ，指定起点、终点、弧高，在矩形右上角绘制圆弧，如图2-101所示。

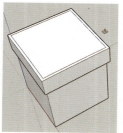
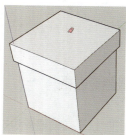

图2-98　向上推拉1　　　　图2-99　向上推拉2　　　　图2-100　删除线条　　　　图2-101　绘制圆弧

（9）绘制圆弧的效果如图2-102所示。

（10）按住Shift键加选矩形的4条顶边，如图2-103所示。

（11）在【编辑】工具栏中单击【路径跟随】工具 ，选择面，如图2-104所示。

（12）执行路径跟随操作后，生成一圈圆弧面，如图2-105所示。

图2-102　绘制效果　　　　图2-103　选择边　　　　图2-104　选择面　　　　图2-105　创建圆弧面

（13）重复上述操作，为矩形的底边执行【路径跟随】操作，制作圆弧面，如图2-106所示。

（14）激活【偏移】工具 ✋，选择矩形顶面向内拖动光标，输入距离40，如图2-107所示。

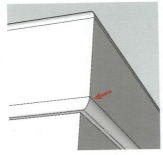 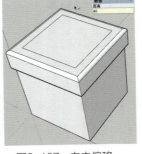

图2-106　创建结果　　　　图2-107　向内偏移

（15）选择【推/拉】工具 ◆，选择矩形面向上推拉，距离为2220，如图2-108所示。

（16）激活【颜料桶】工具 ✋，为柱身、柱墩赋予不同类型的石材，如图2-109所示。

（17）将柱子创建成群组，应用到景观亭的绘制中，结果如图2-110所示。

图2-108　推拉结果　　图2-109　赋予材质　　　　图2-110　应用到实例中

2.2.7　实例——创建餐边柜

微课视频

下面通过实例介绍利用推/拉工具创建餐边柜的方法。

（1）激活【矩形】工具 ▨，指定起点与对角点，在数值控制框中输入尺寸参数绘制矩形，如图2-111所示。

（2）选择【推/拉】工具 ◆，选择矩形面向上推拉，距离为2400，如图2-112所示。

（3）选择【偏移】工具 ✋，选择矩形面向内拖动光标，输入距离40，如图2-113所示。

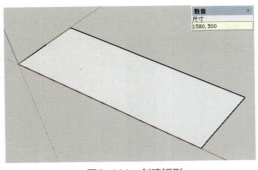 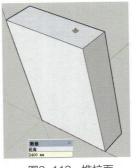 

图2-111　创建矩形　　　　　　图2-112　推拉面　　　图2-113　偏移结果

（4）激活【直线】工具 ✏，绘制垂直线段，如图2-114所示。

（5）选择【删除】工具 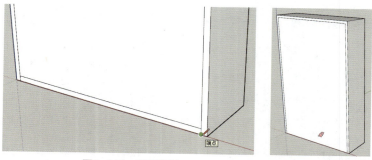，清除多余线段，如图2-115所示。

图2-114　绘制线段　　　　　　　图2-115　清除线段

（6）选择【卷尺】工具 ，拾取矩形的底边，向上拖动光标，输入距离100，如图2-116所示。

（7）继续向上创建参考线，距离分别为800、700，如图2-117所示。

（8）选择【直线】工具 ，以参考线为依据绘制水平线段，如图2-118所示。

（9）选择【推/拉】工具 ，选择面向内推拉，输入距离480，如图2-119所示。

 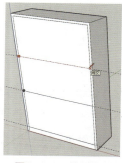 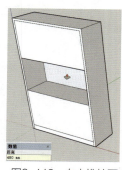

图2-116　向上创建参考线　　图2-117　创建参考线　　　图2-118　绘制线段　　　图2-119　向内推拉面

（10）继续选择面向内推拉，距离为30，如图2-120所示。

（11）选择面向内推拉，距离为100，如图2-121所示。

（12）选择【卷尺】工具 ，拾取矩形边，拖动光标创建参考线，距离分别为100、375，如图2-122所示。

（13）选择【直线】工具 ，以参考线为依据绘制水平线段和垂直线段，如图2-123所示。

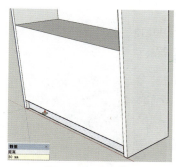  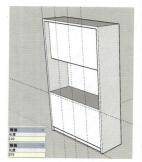 

图2-120　推拉面1　　　　图2-121　推拉面2　　　图2-122　创建参考线　　图2-123　绘制线段

（14）选择【卷尺】工具 ，拾取矩形边，向上拖动光标创建参考线，距离为40，如图2-124所示。

（15）继续向上创建参考线，距离为20，如图2-125所示。

（16）选择【直线】工具 ✏️，以参考线为依据绘制水平线段，如图2-126所示。

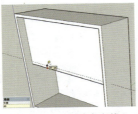
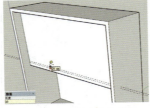

图2-124　创建参考线1　　　图2-125　创建参考线2　　　图2-126　绘制线段

（17）选择【推/拉】工具 ⬦，选择划分出来的面向内推拉，输入距离30，如图2-127所示。

（18）继续选择面向内推拉，输入距离12，如图2-128所示。

（19）选择【卷尺】工具 🧷，拾取矩形边，向右拖动光标创建参考线，距离为750，如图2-129所示。选择【直线】工具 ✏️，以参考线为依据绘制垂直线段。

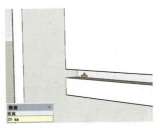

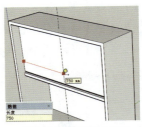

图2-127　推拉面1　　　图2-128　推拉面2　　　图2-129　创建参考线

（20）继续使用【直线】工具 ✏️，通过拾取中点绘制垂直线段，如图2-130所示。

（21）重复操作继续绘制线段，划分柜门的结果如图2-131所示。

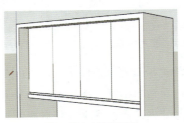

图2-130　拾取中点画线　　　　　图2-131　绘制线段

（22）选择【颜料桶】工具 🎨，在【材质】面板中的【人造表面】选项中选择【浅色层压胶木】材质，如图2-132所示。

（23）切换至【编辑】选项卡，设置参数后为柜子赋予材质，如图2-133所示。

（24）添加门把手，打开【阴影】效果，绘制效果如图2-134所示。

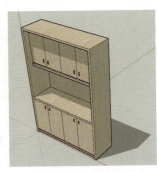

图2-132　选择材质　　　　图2-133　赋予材质　　　　图2-134　最终结果

2.2.8 旋转工具

【旋转】工具 可以在同一旋转平面上旋转物体中的元素，也可以旋转单个或多个物体。如果是旋转某个物体的一部分，则旋转工具可以将该物体拉伸或扭曲。

用【选择】工具 选中要旋转的元素或物体，激活【旋转】工具 ，在模型中移动光标时，光标处会出现一个旋转罗盘，可以对齐到边线和表面上，如图2-135所示。

移动旋转罗盘时可捕捉到旋转参考面，参考面与蓝轴垂直时，罗盘呈蓝色，如图2-136所示；参考面与红轴垂直时，罗盘呈红色，如图2-137所示；参考面与绿轴垂直时，罗盘呈绿色，如图2-138所示；参考面与三条坐标轴都不垂直时，罗盘呈黑色，如图2-139所示；可以按住Shift键锁定量角器的平面定位。

图2-135　旋转罗盘

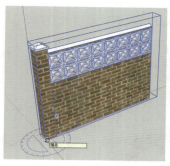

图2-136　垂直蓝轴

图2-137　垂直红轴

在旋转的轴点上单击放置量角器，SketchUp的参考特性可以精确定位旋转中心。基点确定后，从罗盘中心拉出一条虚线，如图2-140所示。移动光标拉动虚线到合适的位置，单击确定旋转的起始线。

图2-138　垂直绿轴

图2-139　不垂直坐标轴

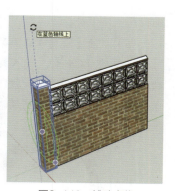

图2-140　辅助虚线

起始线确定后，移动光标确定旋转方向。如果开启了SketchUp参数设置中的角度捕捉功能，则在量角器范围内移动光标将会有角度捕捉的效果（捕捉角度为15°的整数倍，转动罗盘在旋转到15°整数倍时会稍稍有停顿），可以在图2-141所示的【模型信息】对话框中修改捕捉角度。光标远离量角器时，模型就可以自由旋转了，如图2-142所示。

在旋转过程中，数值控制框中会动态显示旋转的角度。在旋转过程中或旋转后，输入数值并按Enter键确定旋转角度，输入负值即向当前指定方向的反方向旋转，如图2-143所示。在进行其他操作前，可以持续输入角度值进行比照和调整。

图2-141 模型信息

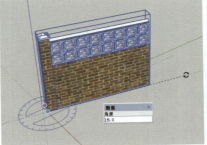

图2-142 自由旋转

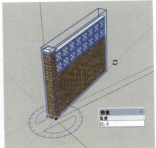

图2-143 输入旋转角度

2.2.9 实例——旋转绘制时钟刻度

下面通过实例介绍利用旋转工具绘制时钟刻度的方法。

（1）打开配套资源提供的【时钟.skp】文件，如图2-144所示。

（2）选择【直线】工具 ✏，拾取端点，如图2-145所示。

（3）向右移动光标，拾取中心，如图2-146所示。

（4）绘制直线段的结果如图2-147所示。

图2-144 打开文件

图2-145 拾取端点

图2-146 拾取中心

图2-147 绘制直线段

（5）激活【旋转】工具 ⟳，单击线段的端点，拾取旋转中心，如图2-148所示。

（6）按住Ctrl键，进入旋转复制模式，输入旋转角度360，按Enter键确认，输入复制份数/12，如图2-149所示，按Enter键确认复制。

（7）添加时针，完成绘制，效果如图2-150所示。

图2-148 拾取旋转中心

图2-149 复制刻度

图2-150 最终效果

提示

在没有选择物体的情况下也可以激活【旋转】工具 ⟳。此时【旋转】工具 ⟳ 按钮显示为灰色，并提示选择要旋转的物体。选择好以后，可以按Esc键或单击旋转工具按钮重新激活【旋转】工具 ⟳。

2.2.10　路径跟随工具

【路径跟随】工具可以沿着已设定的路径复制平面的轮廓，类似于3ds Max中的放样工具，在绘制不规则单体时起到重大作用。路径跟随主要分为自动路径跟随和手动路径跟随。

自动选择路径是路径跟随最简单和最精确的方法，一般情况下都会选择使用此种方法。

在使用【路径跟随】工具时，路径与截面必须在一个组或者组件内，必须是单纯的面或者线，而不能是已经成组的物体。

路径与截面不一定要相连，但是最好保证截面与路径垂直。

若路径可以构成一个完整的平面，则可以直接选择该面作为跟随路径而不必选择路径线条，而后激活【路径跟随】工具单击截面进行路径跟随操作。

2.2.11　实例——创建水晶球

微课视频

下面通过实例介绍利用路径跟随工具自动跟随路径创建水晶球的方法。

（1）激活【圆】工具，在绘图区绘制一个半径为20mm的圆，如图2-151所示。

（2）在垂直于圆的表面上绘制一个相同半径的圆，如图2-152所示。该面需要与圆路径相交。

（3）用【选择】工具选择水平方向的圆，如图2-153所示，激活【路径跟随】工具，在垂直方向的圆上单击鼠标左键，如图2-154所示，放样创建成球体，如图2-155所示。

（4）将球体外轮廓上的圆形边线删除，并赋予材质，如图2-156所示，水晶球体模型创建完成。

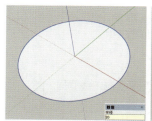
图2-151　绘制基础面

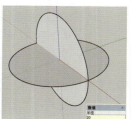
图2-152　绘制垂直面

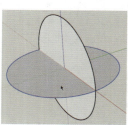
图2-153　选择路径

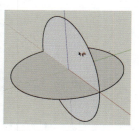
图2-154　选择旋转面

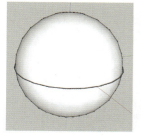
图2-155　创建球体

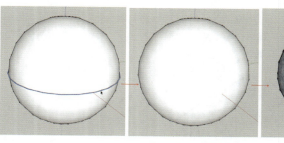
图2-156　完善球体

（5）使用同样的方法还可以创建圆锥，在基础圆面的垂直方向绘制一个直角三角形。

（6）用【选择】工具选择基础圆，如图2-157所示，激活【路径跟随】工具，在直角三角形上单击鼠标左键，如图2-158所示，圆变为圆锥体，将多余圆面删除，圆锥模型绘制完成，如图2-159所示。

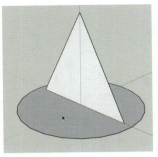
图2-157　选择路径

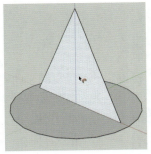
图2-158　选择旋转面

图2-159　创建圆锥体

2.2.12　实例——创建装饰角线

微课视频

下面通过实例介绍利用路径跟随工具创建装饰角线的方法。

（1）选择【矩形】工具 ，指定起点与对角点，输入尺寸参数后按Enter键，创建矩形如图2-160所示。

（2）激活【移动】工具 ✥，将事先绘制完成的角线截面移动至矩形的角点，如图2-161所示。

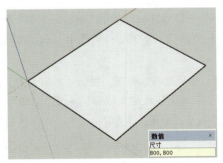
图2-160　绘制矩形

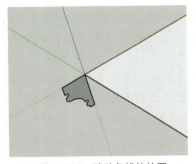
图2-161　移动角线的位置

> 💡 提示　可利用【矩形】工具 ◢、【圆弧】工具 ◜、【删除】工具 ✐绘制角线截面。

（3）选择【路径跟随】工具 🔄，单击角线截面，如图2-162所示。

（4）沿着矩形边移动光标，实时观察跟随效果，如图2-163所示。

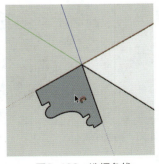
图2-162　选择角线

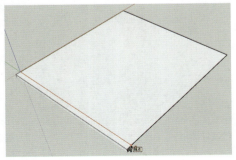
图2-163　移动光标

（5）遇到矩形的角点时改变光标的移动方向，始终紧跟矩形边，如图2-164所示。

SketchUp实用教程（第2版）室内·建筑·景观设计（微课版）

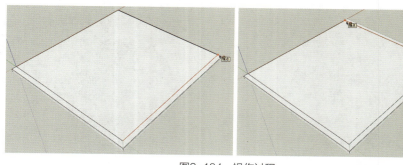

图2-164　操作过程

（6）返回起点，单击闭合路径，如图2-165所示。

（7）调整视图角度，观察创建角线的效果，如图2-166所示。

图2-165　闭合路径

图2-166　最终效果

2.2.13　实例——创建花瓶

微课视频

下面通过实例介绍利用路径跟随工具创建花瓶的方法。

（1）激活【矩形】工具，在绘图区中沿蓝轴方向绘制一个120mm×500mm的矩形，如图2-167所示。利用【直线】工具和【圆弧】工具在矩形中绘制图2-168所示的边线。

（2）激活【圆】工具，以矩形上不规则边线底部缝合处为圆心绘制圆形，如图2-169所示。

图2-167　绘制矩形

图2-168　绘制边线

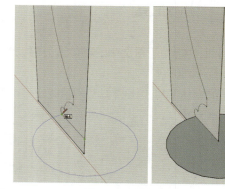

图2-169　绘制跟随路径圆

（3）用【选择】工具选择圆形面，激活【路径跟随】工具，单击矩形上的不规则面，不规则面将沿圆形边线路径跟随出图2-170所示的模型。

（4）删除矩形辅助面，如图2-171所示。选择花瓶顶部圆面，激活【偏移】工具，将圆向内偏移8mm，并将偏移面删除，如图2-172所示。

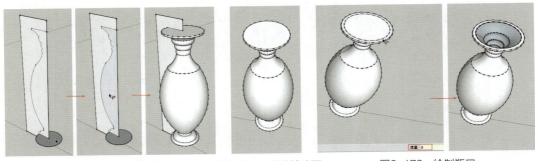

图2-170　路径跟随　　　　图2-171　删除辅助面　　　　图2-172　绘制瓶口

（5）选择【颜料桶】工具，在【玻璃和镜子】类别中选择【灰色半透明树脂碎玻璃面】材质，为花瓶赋予材质，打开阴影效果，如图2-173所示。

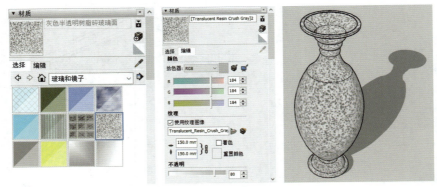

图2-173　赋予材质及阴影效果

 提示　　　　如果路径是由某个面的边线组成的，则可以选择该面，然后【路径跟随】工具自动沿面的边线进行路径跟随。

2.2.14　比例工具

【比例】工具用于对选中的物体进行缩放或拉伸，通过夹点来调整所选物体的大小，不同的夹点支持不同的操作。

对不同的物体使用【比例】工具时，夹点都有所不同。二维表面或图像缩放于红/绿轴平面时将显示8个夹点，如图2-174所示。缩放三维模型时将显示26个夹点，如图2-175所示。

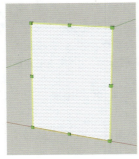

图2-174　二维表面

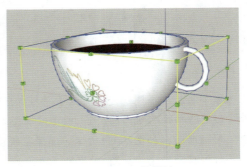

图2-175　三维模型

提示

二维表面或图像缩放于非红/绿轴平面时，拉伸边界将显示为三维长方体，如图2-176所示。

使用【比例】工具█时，物体上将显示所有可能用到的夹点。有些隐藏在物体后面的夹点在光标经过时会显示出来，而且也是可以操作的。也可以开启【X射线】模式看到隐藏的夹点，如图2-177所示。

图2-176　二维非红/绿轴平面

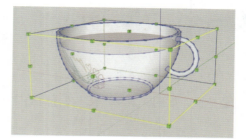

图2-177　开启【X射线】模式

2.2.15　镜像工具

【镜像】工具█用来反转或者镜像选定的内容，不仅可以创建对象的副本，还可以在复制对象的同时更改对象副本的方向。选择椅子，如图2-178所示，激活【镜像】工具█，此时在被选择对象上出现三个面，单击选择绿色面，如图2-179所示。

图2-178　选择椅子

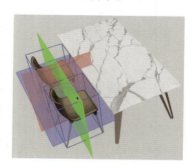

图2-179　选择绿色面

按住Ctrl键，单击选择绿色面向右拖动光标，指定复制方向，如图2-180所示。将绿色面移动至餐桌中间，松开Ctrl键，观察镜像复制椅子的结果，如图2-181所示。

图2-180　移动绿色面

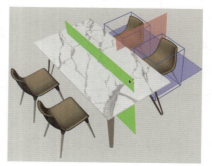

图2-181　复制椅子

此时仍然处在镜像复制的模式，但是已经松开Ctrl键。单击红色面，向右拖动光标，如图2-182所示。在合适的位置单击，查看复制效果，如图2-183所示。

 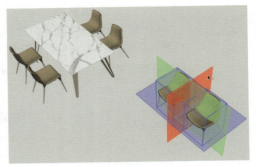

图2-182　移动红色面　　　　　　　　　　　图2-183　复制对象

向下拖动蓝色面，如图2-184所示，在合适的位置单击，向下镜像椅子的效果如图2-185所示。

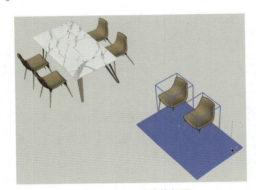  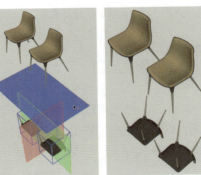

图2-184　移动蓝色面　　　　　　　　　　图2-185　复制对象

2.2.16 实例——复制推拉门

下面通过实例介绍利用镜像工具翻转推拉门的方法。

（1）打开配套资源中的【推拉门.skp】文件，如图2-186所示。

（2）选择推拉门，如图2-187所示。

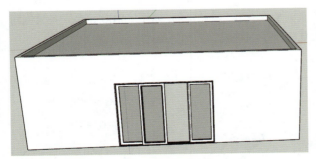 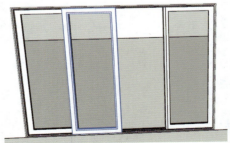

图2-186　打开文件　　　　　　　　　　图2-187　选择门

（3）激活【镜像】工具，按下Ctrl键，选择红色面，向右移动光标，输入距离454，如图2-188所示。

（4）操作结束后，查看镜像复制推拉门的效果，如图2-189所示。

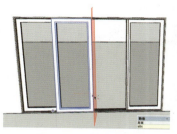

图2-188 移动红色面

图2-189 复制效果

2.2.17 偏移工具

【偏移】工具🔗主要用于对表面或一组共面的线进行偏移复制。可以将表面或边线偏移复制到被选中的面或边线的内侧或外侧，偏移之后会产生新的表面和线条。

选择要偏移的面，向要偏移的方向拖动光标，此时数值控制框中动态显示偏移距离，如图2-190所示。这时只需在数值控制框中输入数值，并按Enter键确定，如图2-191所示。

不仅仅可以偏移面，【偏移】工具🔗还可以将共面的线偏移，如图2-192所示。

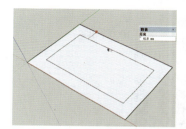

图2-190 动态显示偏移距离

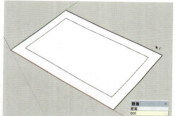

图2-191 确定偏移距离

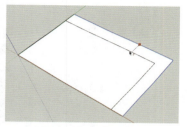

图2-192 偏移共面线

2.2.18 实例——创建书架

微课视频

下面通过实例介绍利用偏移工具创建书架的方法。

（1）激活【矩形】工具▱，在平面上绘制一个2000mm×900mm的矩形，并用【推/拉】工具◆向上拉出800mm的高度，绘制储物柜基础部分，如图2-193所示。

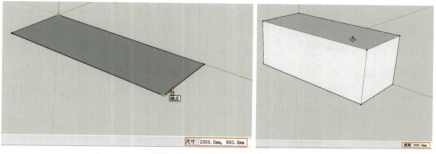

图2-193 绘制储物柜基础

（2）选择长方体横向边线，右击，在关联菜单中选择【拆分】选项，将其等分为4份，并用【直线】工具✎将等分点与横向线段中点连接，划出储物柜小格，如图2-194所示。

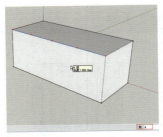
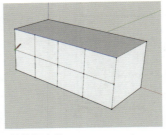

图2-194　划出储物柜小格

（3）选择分格面，激活【偏移】工具 ，将其向内偏移20mm的距离，如图2-195所示。双击其余分格面，执行相同偏移距离的偏移，如图2-196所示。

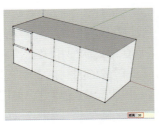

图2-195　偏移复制　　　　　　图2-196　重复偏移复制

（4）激活【推/拉】工具 ，将分格向内推进800mm的距离，如图2-197所示。

（5）激活【颜料桶】工具 ，为储物柜赋予材质，效果如图2-198所示。

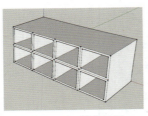

图2-197　推拉结果　　　　　　　　图2-198　最终效果

2.3　实体工具

在SketchUp中，对模型中的实体提供布尔运算的工具即为实体工具，能进行实体工具操作的几何体必须是SketchUp实体，并且几何体之间必须存在交错重叠的情况。

执行【视图】|【工具栏】命令，在【工具栏】对话框中勾选【实体工具】选项，或者在工具栏上单击鼠标右键，在关联菜单中勾选【实体工具】选项可调出实体工具栏，实体工具栏包括【实体外壳】工具 、【交集】工具 、【并集】工具 、【差集】工具 、【修剪】工具 和【分割】工具 ，从左至右依次如图2-199所示。

图2-199　实体工具栏

实体是指任何具有优先封闭体积的三维模型，它对外没有任何缝隙或者开口。SketchUp

中的实体，其图元信息中必须具有【体积】属性，因而SketchUp实体是指群组或组件。图2-200～图2-202为非实体与实体的区别。

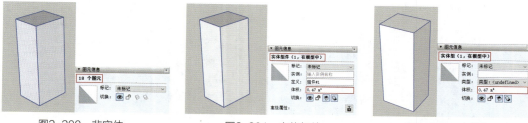

图2-200　非实体　　　　　图2-201　实体组件　　　　　图2-202　实体组

2.3.1　实体外壳工具

【实体外壳】工具用于对场景中选定的非实体添加外壳，使其变为组或组件，从而成为SketchUp实体。

下面通过实例介绍实体外壳工具的使用方法。

（1）打开配套资源【螺丝钉.skp】文件，这是一个由螺帽实体组件和螺钉实体组件组成的螺丝钉模型，如图2-203所示。

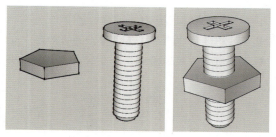

图2-203　螺丝钉模型

（2）螺帽和螺钉实体组件都属于SketchUp实体，其图元信息中都具有【体积】这一属性选项，如图2-204和图2-205所示。

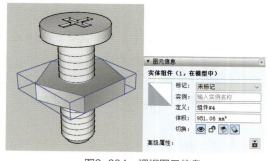

图2-204　螺帽图元信息

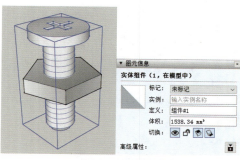

图2-205　螺钉图元信息

（3）将螺帽和螺钉实体组件重叠放置，开启【X射线】模式，此时可以看见两个实体组件的重叠部分，如图2-206所示。

（4）激活【实体外壳】工具，此时光标变为形状。移动光标至螺帽实体组件上，此时光标变为形状。在螺帽实体组件上单击，如图2-207所示。

（5）选择完一个实体组件后，光标变为形状，移动光标在螺钉实体组件上单击，如图

2-208所示。

（6）选择完成后，螺帽和螺钉实体组件会自动合并为一个组件，且两者相交的边线被自动删除，如图2-209所示。

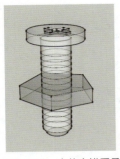

图2-206　实体交错重叠

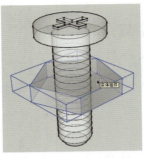

图2-207　选择螺帽组件

图2-208　选择螺钉组件

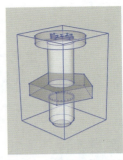

图2-209　螺帽和螺钉合并为一个组件

2.3.2　交集工具

【交集】工具只能对两个或两个以上的SketchUp实体进行操作，用于保留实体相交部分，并删去不相交的部分。

下面通过实例介绍交集工具的使用方法。

（1）利用基本绘图工具在绘图区创建两个实体模型，并将两者重叠放置，如图2-210所示。

（2）开启【X射线】模式，可以直观地看到两个实体相交部分，如图2-211所示。

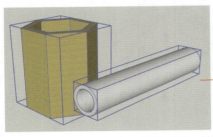

图2-210　创建交叠模型

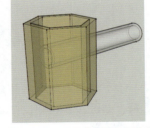

图2-211　开启【X射线】模式

（3）激活【交集】工具，光标由变为形状，将光标放置在其中圆柱实体上单击鼠标左键，再将变为形状的光标移动至六边形体柱实体上单击鼠标左键，选择实体组，如图2-212所示。

（4）实体组选择完成以后，画面中的重叠实体只剩下两者相交部分，其余部分被删除，如图2-213所示。

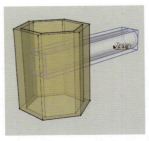

图2-212　选择实体组

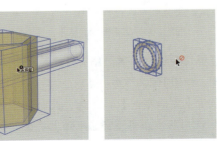

图2-213　相交后的实体

2.3.3 并集工具

【并集】工具🗇只能对两个或两个以上的SketchUp实体进行操作，用于联合实体交错重叠的所有外表面生成一个大的实体，并包含联合后在内部生成的几何体。

2.3.4 差集工具

【差集】工具🗇只能对两个SketchUp实体进行操作，用于将实体交错部分的几何体从一个实体联合到另一个实体，并减去其中一个实体。

2.3.5 修剪工具

【修剪】工具🗇只能对两个SketchUp实体进行操作，用于将实体交错部分的几何体从一个实体联合到另一个实体，此时不会如【修剪】工具🗇一样将其中一个实体剪去，而是将其保留。

2.3.6 分割工具

【分割】工具🗇用于将两个实体所有交错重叠的部分分离成单独的组或组件。

下面通过实例介绍并集工具、差集工具、修剪工具、分割工具的使用方法。

（1）利用基本绘图工具在绘图区创建图2-214所示的两个实体模型，并将两者重叠放置。

（2）开启【X射线】模式，可以直观地看到两个实体相交部分，如图2-215所示。

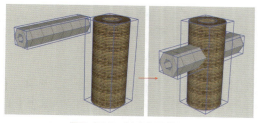

图2-214　创建交叠模型

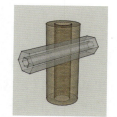

图2-215　开启【X射线】模式

（3）激活【并集】工具🗇，光标由🔧变为🔧形状，将光标放置在六边形体柱实体上单击鼠标左键，再将变为🔧形状的光标移动至圆柱实体上单击鼠标左键，如图2-216所示。

（4）实体组选择完成以后，两者将成为一个实体，且新生成的实体将只有外壳，没有内部实体，如图2-217所示。

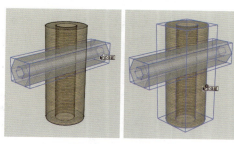

图2-216　选择实体组

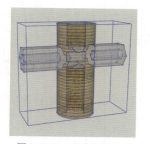

图2-217　联合后的实体

（5）按Ctrl+Z组合键返回上一步操作。激活【差集】工具![icon]，对两个实体组进行选择后，先选择的六边形体柱实体消失并留下两者交错的痕迹，如图2-218所示。

（6）按Ctrl+Z组合键返回上一步操作。激活【修剪】工具![icon]，对两个实体进行选择。选择完成以后，两者将成为一个实体。先选择的六边形体柱实体未发生任何改变，后选择的圆柱实体上留下两者交错的痕迹，如图2-219所示。

（7）按Ctrl+Z组合键返回上一步操作。激活【分割】工具![icon]，对两个实体进行选择。选择完成以后，两者重叠的部分将被分割成新的几何体，但是实体本身属性不变，仍属于一个实体组，如图2-220所示。

 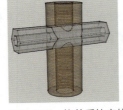 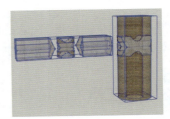

图2-218　减去后的实体　　　图2-219　修剪后的实体　　　图2-220　分割后的实体

2.4　沙箱工具

在SketchUp中创建地形的方法为，先绘制等高线，在等高线的基础上创建地形；或者绘制平面，自定义半径与高度，在平面上创建地形。以上两种操作都要用到【沙箱】工具。沙箱工具除了创建地形外还可以创建很多其他的物体，如膜状结构物体的创建等。

通过在工具栏上单击鼠标右键，在关联菜单中选择沙箱，视图中将出现沙箱工具栏，如图2-221所示。

图2-221　【沙箱】工具栏

【沙箱】工具栏包括【根据等高线创建】工具![icon]、【根据网格创建】工具![icon]、【曲面起伏】工具![icon]、【曲面平整】工具![icon]、【曲面投射】工具![icon]、【添加细部】工具![icon]和【对调角线】工具![icon]共七个工具。

2.4.1　根据等高线创建

利用【根据等高线创建】工具![icon]可以将相邻且封闭的等高线形成三角面，等高线是一组垂直间距相等且平行于水平面的假想面与自然地貌相交得到的交线在平面上的投影。

等高线上所有点的高程必须都相等，等高线可以是直线、圆弧、圆、曲线等，使用【根据等高线创建】工具![icon]会让这些闭合或不闭合的线封闭成面，形成坡地，并且创建的坡地将自动成组。

2.4.2　实例——创建山坡

微课视频

下面通过实例介绍利用根据等高线创建工具创建山坡的方法。

（1）选择【手绘线】工具 ✍，在绘图区中绘制闭合轮廓，如图2-222所示。

（2）重复上述操作，继续绘制轮廓，效果如图2-223所示。

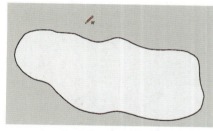

图2-222 绘制轮廓线

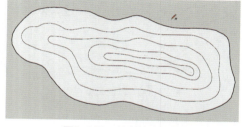

图2-223 绘制轮廓的效果

（3）选择面，不要选择线，如图2-224所示。

（4）按Delete键删除面，保留线，结果如图2-225所示。

图2-224 选择面

图2-225 删除面

（5）选择【移动】工具 ✥，选择最里面的轮廓线向上移动，输入距离1500，如图2-226所示。

（6）选择次一层级的轮廓线，继续向上移动，输入距离1200，如图2-227所示。

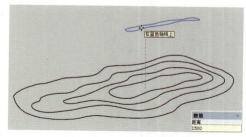

图2-226 向上移动轮廓线

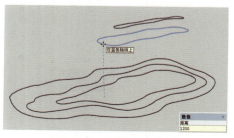

图2-227 继续移动轮廓线

（7）分别设置不同的距离，将轮廓线一一向上移动，结果如图2-228所示。

（8）选择所有轮廓线，如图2-229所示。

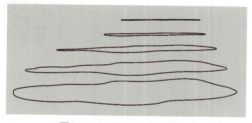

图2-228 调整轮廓线的高度

图2-229 选中轮廓线

（9）选择【根据等高线创建】工具 ✋，观察创建山坡的结果，如图2-230所示。

（10）选择山坡，右击，在关联菜单中选择【炸开模型】选项，如图2-231所示。

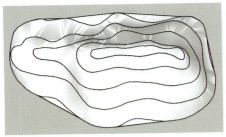

图2-230　创建山坡

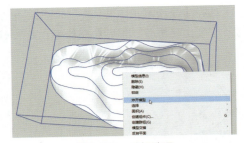

图2-231　选择选项

（11）选择山坡外围的多余图形，按Delete键删除，整理结果如图2-232所示。

（12）全选山坡模型，在【柔化边线】面板中选择【软化共面】复选框，并调整【法线之间的角度】下的蓝色滑块，如图2-233所示。

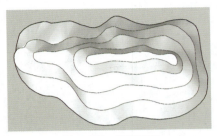

图2-232　整理图形

图2-233　选择选项

（13）选择【颜料桶】工具🪣，在【材质】面板中的【沥青和混凝土】类型中选择【无缝刻痕混凝土】材质，如图2-234所示。

（14）为山坡赋予材质，打开【阴影】效果，观察山坡的创建效果，如图2-235所示。

图2-234　选择材质

图2-235　最终效果

2.4.3　实例——创建伞

微课视频

下面通过实例介绍利用根据等高线创建工具创建伞的方法。

（1）激活【多边形】工具🔘，在数值控制框中输入多边形边数12，以原点为多边形中点，在场景中创建一个半径为750mm的十二边形，如图2-236所示。

（2）利用【卷尺】工具🖊在沿蓝轴方向距十二边形600mm处绘制辅助线，并用【圆形】工具🔘绘制一个半径为20mm的圆，如图2-237所示。

（3）激活【矩形】工具▱，以圆心为矩形的第一个角点绘制出一个垂直于多边形面的矩形辅助面，如图2-238所示。

（4）激活【圆弧】工具 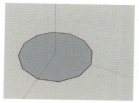，在矩形中绘制出一段圆弧，圆弧凸出距离可自定，如图2-239所示。

图2-236　绘制伞轮

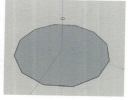
图2-237　绘制伞顶圆

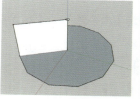
图2-238　绘制矩形辅助面

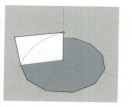
图2-239　绘制辅助圆弧

（5）删除除圆弧外的辅助面和辅助线，选中圆弧，激活【旋转】工具 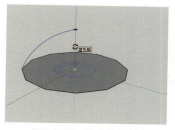，按住Ctrl键将圆弧按圆心旋转复制12份。如图2-240～图2-242所示。

图2-240　确定旋转基点

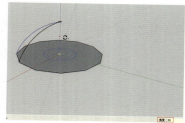
图2-241　确定旋转轴

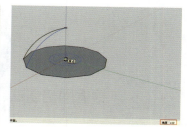
图2-242　复制旋转

（6）激活【矩形】工具 ，分别以两条相邻圆弧与多边形相交点为矩形的两个端点绘制一个辅助矩形，如图2-243所示。

（7）采用相同方法，激活【圆弧】工具 ，在辅助矩形面上绘制一段圆弧，作为伞边的曲线花样，如图2-244所示。

（8）采用相同方法将圆弧进行旋转复制，角度为30°，份数为*12，如图2-245和图2-246所示。

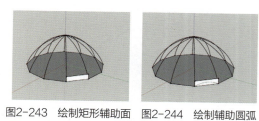
图2-243　绘制矩形辅助面　　图2-244　绘制辅助圆弧

图2-245　确定旋转轴　　　　图2-246　旋转复制

（9）选择删除不需要的线段和面，留下伞的轮廓线，如图2-247和图2-248所示。

（10）框选整个伞轮廓模型，激活【根据等高线创建】工具 ，完成伞面的创建，如图2-249所示。

（11）接下来为伞添加伞柄等细节，激活【偏移】工具 ，将顶部的圆形向内偏移15mm，绘制伞顶，如图2-250所示。

图2-247　删除多余线段

图2-248　删除多余面

图2-249　创建伞面

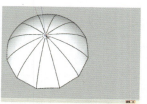
图2-250　绘制伞顶

（12）激活【推/拉】工具，按住Ctrl键，将偏移后的圆形向下推拉1200mm，绘制伞杆，如图2-251所示，再添加伞柄花样和伞头，如图2-252所示。

（13）激活【颜料桶】工具，为伞赋予相应的材质，如图2-253所示，伞模型创建完成。

图2-251　绘制伞杆

图2-252　添加伞柄

图2-253　赋予材质

💡 提示　创建曲面模型最重要的是靠辅助面实现几个关键弧线的定位。

2.4.4　根据网格创建

利用【根据网格创建】工具可以在场景中创建网格，再将网格中的部分进行曲面拉伸。通过此工具只能创建大体的地形空间，不能精确绘制地形。

激活【根据网格创建】工具，在数值控制框中输入【栅格间距】，按Enter键确定，如图2-254所示。

在场景中确定网格第一点后，拖动光标指定方向，移动至所需长度处单击鼠标左键，确定网格长度，如图2-255所示。或者在数值控制框中输入需要的长度后按Enter键确定。

再次拖动光标指定方向，利用上述方法确定网格宽度，如图2-256所示。

图2-254　确定栅格间距

图2-255　确定网格长度

图2-256　确定网格宽度

生成的网格自动成组，可双击进入对其进行编辑，如图2-257所示。

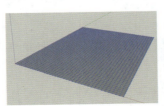
图2-257　自动成组的网格

💡 提示　网格的长宽尺寸一般略大于所需创建的地形的范围，若场景中已经有了作为参照的地图，则可以直接用网格工具来捕捉图片的对角点而不用在数值控制框中输入数值来确定网格范围。

2.4.5 曲面起伏

【曲面起伏】工具 用于对使用【根据网格创建】工具 创建出的网格中的部分进行曲面拉伸。

该工具只能在表面上直接操作，所以在对地形进行推拉之前要将地形面分解，或者双击进入地形组内进行编辑。图2-258为使用【曲面起伏】工具 推拉的地形效果。

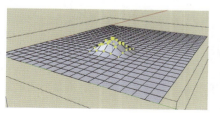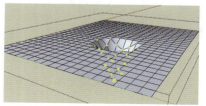

图2-258　曲面拉伸

2.4.6 实例——创建起伏地貌

微课视频

下面通过实例介绍结合根据网格创建工具和曲面起伏工具创建起伏地貌的方法。

（1）激活【根据网格创建】工具 ，在数值控制框中输入300，设置栅格间距，如图2-259所示。

（2）沿绿轴拖动光标，输入长度7000，如图2-260所示。

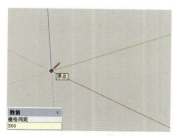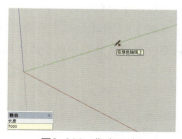

图2-259　指定栅格间距　　　　图2-260　指定尺寸1

（3）沿红轴拖动光标，输入长度7000，如图2-261所示。

（4）绘制网格如图2-262所示，此时网格是一个整体。

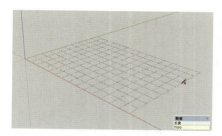

图2-261　指定尺寸2　　　　　图2-262　绘制结果

（5）选择网格，右击，在关联菜单中选择【炸开模型】选项，将网格分解。

（6）执行【视图】|【隐藏物体】命令，在网格中显示斜线。

（7）选择【曲面起伏】工具，在数值控制框中输入1000，指定半径值，将光标放置在需要编辑的区域，如图2-263所示。

（8）向上移动光标，输入偏移距离300，如图2-264所示。

图2-263　指定半径

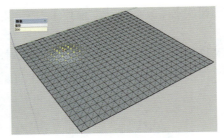

图2-264　指定偏移距离

（9）重复上述操作，依次指定半径值与偏移距离，创建尺寸不一、高度不同的起伏地貌，如图2-265所示。

（10）选择地形，右击，在关联菜单中选择【柔化/平滑边线】选项，如图2-266所示。

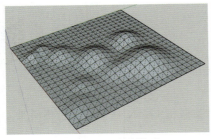

图2-265　创建地形

图2-266　选择选项

（11）在【柔化边线】面板中选中【软化共面】复选框，如图2-267所示。

（12）执行【视图】|【隐藏物体】命令，在网格中关闭斜线的显示。

（13）观察地形，发现仍然显示残余的线段，如图2-268所示。

图2-267　选择选项

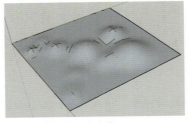

图2-268　软化共面

（14）滑动【柔化边线】面板中的蓝色滑块，增大法线之间的角度，如图2-269所示。

（15）此时地形的显示效果如图2-270所示。

图2-269　增大法线之间的角度

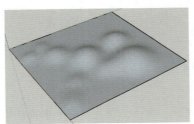

图2-270　最终效果

2.4.7 实例——创建坡上别墅

下面通过实例介绍利用根据网格创建工具和曲面起伏工具创建坡上别墅的方法。

（1）激活【根据网格创建】工具和【曲面起伏】工具，在场景中创建一个坡地（可自己任意创建，对后续操作无影响），如图2-271所示。

（2）执行【文件】|【导入】命令，将配套资源中的【别墅.skp】文件导入场景中，如图2-272所示。

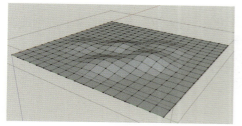

图2-271　创建坡地

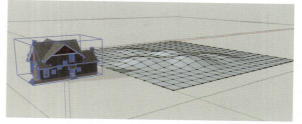

图2-272　导入别墅模型

（3）双击别墅实体进入组的编辑状态，以其底面形状为基准，为实体创建一个平整的表面，如图2-273所示。

（4）将别墅实体悬空放置在地形上，如图2-274所示。

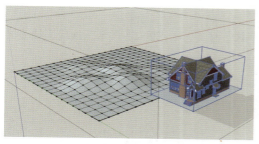

图2-273　创建平整面

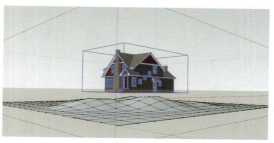

图2-274　悬空放置

（5）激活【曲面平整】工具，单击要进行平整操作的底面，然后输入底面外延的偏移距离1000，效果如图2-275所示。

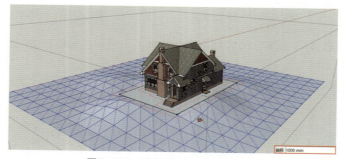

图2-275　确定底面外延的偏移距离

（6）选择底面后单击地形确定位置，如图2-276所示。

（7）将建筑和底面移动到在地形上创建好的平面上，如图2-277所示。

图2-276　确定地形位置图

图2-277　移动模型

2.4.8　曲面投射

　　【曲面投射】工具用于在地形上创建实体边线的投影，并在地形上生成线条，在创建位于坡地上的广场、道路等对象时用得较多。

　　激活【曲面投射】工具，此时光标为【曲面投射】工具原色，按照状态栏的提示，在需要投影的图元上单击。选择投射图元后，光标将变为红色，按照状态栏的提示，在投射网格上单击鼠标。

　　执行完成后，会发现网格上出现了完全按照地形坡度走向投影的轮廓。

2.4.9　实例——为园区添加小径

微课视频

　　下面通过实例介绍利用曲面投射工具为园区添加小径的方法。

　　（1）打开【山坡.skp】模型，如图2-278所示。

　　（2）选择【颜料桶】工具，再选择【人造草被】材质，如图2-279所示，选择山坡为其赋予材质。

图2-278　打开山坡模型

图2-279　选择材质

　　（3）打开【园路.skp】模型，为其赋予【豆状碎石】材质，如图2-280所示。

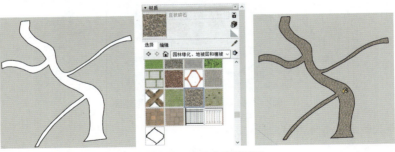
图2-280　为园路赋予材质

SketchUp实用教程（第2版）室内·建筑·景观设计（微课版）

（4）打开【阴影】效果，选择【移动】工具✥，将园路移动至山坡上方，如图2-281所示。

（5）选择【曲面投射】工具🗋，选择园路，如图2-282所示。

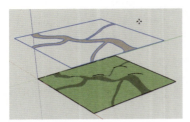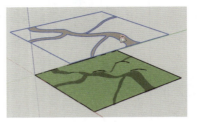

图2-281　移动园路　　　　　　　　　　图2-282　选择园路

（6）选择山坡，如图2-283所示。

（7）园路投射到山坡的效果如图2-284所示。

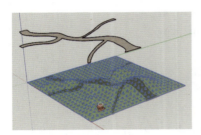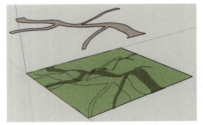

图2-283　选择山坡　　　　　　　　　　图2-284　投射效果

 提示　　　　若需要投影的实体较多，则可先选中实体，然后激活【曲面投射】工具🗋，为方便选择，也可以将投影面制作成组。

（8）查看投射结果，发现园路轮廓不齐全，如图2-285所示。

（9）选择【手绘线】工具∿，指定起点与终点，修补园路轮廓，如图2-286所示。

（10）修补效果如图2-287所示。

（11）为园路赋予【豆状碎石】材质，调整视图角度，观察创建效果，如图2-288所示。

图2-285　轮廓缺失　　图2-286　绘制线段　　图2-287　修补效果　　图2-288　最终效果

2.4.10　添加细部

【添加细部】工具▨用于增加局部地形的细节。

在根据网格创建地形不够精确的情况下对网格进行修改，在地形组内用【添加细部】工具▨单击某处细部，通过手动移动鼠标或者在数值控制框中输入精确数值进行细部变化，如图2-289所示。

【添加细部】工具▨可以将网格细分，方便对细节进行处理。

图2-289 细部变化

选中需要添加细部的区域，激活【添加细部】工具  ，效果如图2-290所示。

图2-290 细分网格

2.4.11 对调角线

【对调角线】工具 用于将构成地形的网格的小方格内的对角线进行翻转，从而对局部的凹凸走向进行调整。

执行【视图】|【隐藏物体】命令，可看到网格中每个小方格内的对角线，如图2-291所示。

双击进入地形组内，激活【对调角线】工具 ，在需要翻转的对角线处单击即可将对角线翻转，如图2-292所示。

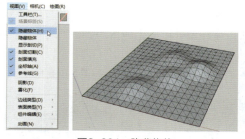

图2-291 隐藏物体

图2-292 翻转对角线

 提示 【对调角线】工具 主要应用于一些地形起伏不能顺势而下的情况。

2.5 案例演练——创建现代风格床头柜

微课视频

学习完前面的知识后，本节介绍现代风格床头柜的绘制过程。主要使用的工具包括【矩形】工具 、【推/拉】工具 、【卷尺】工具 、【直线】工具 、【移动】工具 等。

（1）选择【矩形】工具 ，指定起点与对角点，输入尺寸参数，按Enter键确定，结果如

图2-293所示。

（2）激活【推/拉】工具 ⬆，选择矩形面向上推拉，输入距离500，按Enter键确定，如图2-294所示。

（3）选择【偏移】工具 ⟲，选择顶面向内拖动光标，输入距离12，按Enter键确定，如图2-295所示。

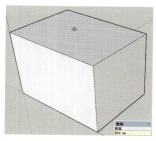

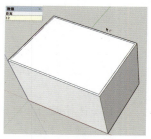

图2-293 绘制矩形　　　　　图2-294 推拉面　　　　　图2-295 向内偏移顶面

（4）双击侧面，以相同的距离向内偏移，如图2-296所示。

（5）选择【直线】工具 ✏，绘制线段划分面。再激活【删除】工具 ✐，删除多余的线段，如图2-297所示。

（6）激活【推/拉】工具 ⬆，选择顶面向下推拉，输入距离25，按Enter键确定，如图2-298所示。

（7）选择【卷尺】工具 ⟋，依次输入距离12、18、150、250、12，创建参考线如图2-299所示。

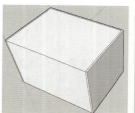

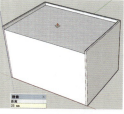

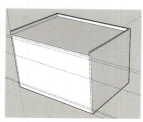

图2-296 偏移结果　　图2-297 绘制结果　　图2-298 选择顶面向下推拉　　图2-299 创建参考线

（8）选择【直线】工具 ✏，绘制线段划分面，如图2-300所示。

（9）激活【推/拉】工具 ⬆，选择面向内推拉，输入距离6，按Enter键确定，如图2-301所示。

（10）继续选择面向内推拉，输入距离510，按Enter键确定，如图2-302所示。

（11）双击红色箭头指向的面，以相同的距离向内推拉，如图2-303所示。

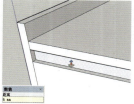

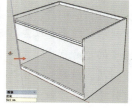

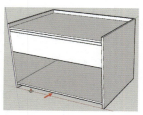

图2-300 绘制线段划分面　　图2-301 选择面向内推拉　　图2-302 推拉面　　图2-303 推拉结果

（12）选择【卷尺】工具 ⟋，拾取左侧边线，向右拖动光标，输入距离140，创建参考线如图2-304所示。

（13）重复操作，拾取右侧边线向左推拉，输入距离140，创建参考线如图2-305所示。

（14）继续创建水平参考线，距离为130，如图2-306所示。

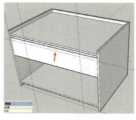

图2-304　创建垂直参考线　　　图2-305　创建参考线　　　图2-306　创建水平参考线

（15）选择【直线】工具 ✏️，绘制线段划分面，如图2-307所示。

（16）激活【推/拉】工具 🔷，选择面向上推拉，输入距离9，按Enter键确定，如图2-308所示。

（17）选择面向外推拉，输入距离10，如图2-309所示。

（18）激活【颜料桶】工具 🎨，在【材质】面板中的【石头】类型中选择【大理石Carrera】材质，如图2-310所示。

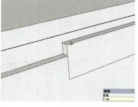
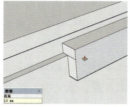

图2-307　绘制线段划分面　图2-308　选择面向上推拉　图2-309　选择面向外推拉　图2-310　选择材质

（19）为模型赋予材质，效果如图2-311所示。

（20）在【材质】面板中的【人造表面】类型中选择【深色层压胶木】材质，如图2-312所示。

（21）为模型赋予材质，效果如图2-313所示。

（22）在【材质】面板中的【颜色】类型中选择【M06色】材质，如图2-314所示。

图2-311　为模型赋予材质　图2-312　选择材质　图2-313　为模型赋予材质　图2-314　选择材质

（23）为抽屉面板赋予材质，效果如图2-315所示。

（24）在【材质】面板中的【颜色】类型中选择【M07色】材质，如图2-316所示。

（25）为抽屉拉手赋予材质，效果如图2-317所示。

（26）添加装饰物，打开【阴影】效果，完成效果如图2-318所示。

图2-315　为抽屉面板赋予材质　图2-316　选择材质　图2-317　为抽屉拉手赋予材质　图2-318　最终效果

2.6 提升练习——旋转复制时针

2.2.9小节介绍了利用【旋转】工具 绘制时钟刻度的方法，本节继续利用【旋转】工具 完善时钟模型，即旋转复制时针。

步骤提示：

（1）选择【圆形】工具 与【推/拉】工具 在表盘的中间绘制圆柱，表示固定时针的构件，如图2-319所示。

（2）利用【矩形】工具 绘制时针，如图2-320所示。

（3）激活【旋转】工具 ，指定基点与角度，旋转复制时针，如图2-321所示。

（4）选择【比例】工具 ，调整尺寸与厚度，完成分针的绘制，如图2-322所示。

（5）重复操作，绘制秒针，最终效果如图2-323所示。

图2-319 绘制构件　　图2-320 绘制时针　　图2-321 复制时针　　图2-322 绘制分针　　图2-323 绘制秒针

 **2.7** 温故知新——利用并集工具创建模型

利用【并集】工具 ，依次选择两个长方体，将其组合成一个模型，用来表示台阶，操作过程如图2-324所示。在实际应用时，可以根据门洞的宽度，或者走廊的宽度，利用【比例】工具 实时调整台阶的宽度，使其符合使用需求。

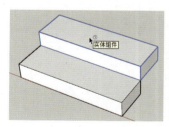 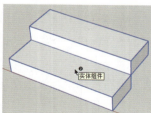 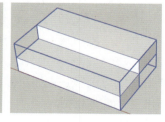

图2-324 操作过程

第 **3** 章 | SketchUp 辅助设计工具

SketchUp 2023中除【制图】工具栏外，还有【标准】【视图】【样式】【视图】【构造】【相机】【漫游】等辅助工具栏。本章将介绍这些工具的用法。

3.1 选择和编辑工具

在对场景模型进一步操作之前，必须选中需要操作的物体，在SketchUp中可通过【选择】工具 ▶ 执行该操作。图形的选择包括【点选】【窗选】【框选】和【右键关联选择】四种方式。

3.1.1 选择工具

1. 点选

点选就是在物体元素上单击鼠标左键进行选择。在一个面上单击，即可选中此面，若在一个面上双击，则选中这个面及其构成线，若在一个面上三击或三击以上，则选中与这个面相连的所有面、线及隐藏的虚线，如图3-1所示。

图3-1　鼠标单击、双击、三击

2. 窗选

窗选的方法是按住鼠标左键从左至右拖动鼠标，绘图区出现实线选框，选中完全包含在矩形选框中的实体模型。

按住鼠标左键从左至右拖动鼠标，窗选整个模型，松开左键后发现模型中的所有线和面都呈突出显示，即已选中整个模型，如图3-2所示。

按住鼠标左键从左至右拖动鼠标，窗选部分模型，松开鼠标左键后发现模型中一部分线和面呈突出显示，即只有完全在窗选框中的线和面才会被选中，如图3-3所示。

图3-2　窗选整个模型　　　　　　　　　　图3-3　窗选部分模型

3. 框选

框选的方法是按住鼠标左键从右至左拖动鼠标，绘图区出现虚线选框，选中完全包含及部分包含在矩形选框中的实体模型。

按住鼠标左键从右至左拖动鼠标，框选所有模型，松开鼠标左键后发现模型中的所有线和面都呈突出显示，即已选中整个模型，如图3-4所示。

按住鼠标左键从左至右拖动鼠标，框选部分模型，松开鼠标左键后发现模型中的一部分线和面呈突出显示，即线和面即使只有部分在选框中也会被选中，如图3-5所示。

图3-4　框选整个模型　　　　　　　　图3-5　框选部分模型

技巧：可以通过Ctrl键和Shift键进行扩展选择：

按住Ctrl键，选择工具变为增加选择 ，可以将实体添加到选集中。

按住Shift键，选择工具变为反选 ，可以改变几何体的选择状态。已经选中的对象会被取消选择，反之亦然。

同时按住Ctrl键和Shift键，选择工具变为减少选择 ，可以将实体从选集中排除。

4. 右键关联选择

利用【选择】工具 选中对象元素右击，将出现右键关联菜单，如图3-6所示。菜单包含7个子命令：【边界边线】【连接的平面】【连接的所有项】【带同一标记的所有项】【使用相同材质的所有项】【取消选择平面】【反选】。通过对不同选项的选择，可以扩展选择命令。

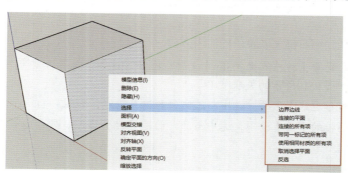

图3-6　右键关联菜单

3.1.2　实例——窗选和框选模型

下面通过实例介绍利用选择工具进行窗选和框选模型的方法。

（1）打开配套资源【庭院.skp】文件，如图3-7所示。

（2）从左上角至右下角拖出选框，框选休闲椅及桌子等模型，选框为实线。松开鼠标左键，只有全部位于选框内的模型被选中，如图3-8所示。栏杆、地板没有完全位于选框中，所以没有被选中。

图3-7　打开文件　　　　　　　　　　　　　图3-8　窗选模型

（3）从右上角至左上角拖出选框，选框为虚线，此时框选盆栽、餐桌椅、地板、墙壁的一部分，松开鼠标左键，与选框有交界的模型被选中，如图3-9所示。

图3-9　框选模型

3.1.3　实例——右键关联选择对象面

微课视频

下面通过实例介绍右键关联菜单的使用方法。

（1）打开配套资源【种植池坐凳.skp】文件，激活【选择】工具 ▶，选中种植池石材铺贴面，右击，出现如图3-10所示的关联菜单。

（2）选择【边界边线】选项，选中与选定面的边界边线，如图3-11所示。

（3）选择【连接的平面】选项，选中与选定面连接的平面，如图3-12所示。

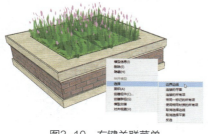

图3-10　右键关联菜单　　　　　　图3-11　边界边线　　　　　　图3-12　连接的平面

（4）选择【连接的所有项】选项，选中所有与选定面连接的线和面，如图3-13所示。种植池内的花草没有与种植池连接，所以没有被选中。

（5）选择【带同一标记的所有项】选项，选中与选定面位于同一标记中的所有模型元素，如图3-14所示。此时选中花草是因为其与选定面处在同一标记中。

（6）选择【使用相同材质的所有项】选项，选中与选定面有相同石材材质的所有模型元素，如图3-15所示。

图3-13　连接的所有项　　　　图3-14　带同一标记的所有项　　　　图3-15　使用相同材质的所有项

> 技巧：在场景中创建了模型却未将其创建群组时，使用右键关联选择【使用相同材质的所有项】选项后，场景中所有赋予相同材质的模型元素将被选择出来并将其群组，便于对材质等属性进行调整设置。

3.1.4　创建组件

【创建组件】工具📦主要用于将场景中选择的模型元素制作为组件。

当执行绘图过程中有建立组件的条件时，选中一个面、一条线或一个物体，【创建组件】图标将由灰色📦变为蓝色📦。这是一种提示功能，与是否在场景中建立组件无关。

选择需要制作为组件的模型元素，在【主要工具栏】中单击【创建组件】工具📦，或者右击，在关联菜单中选择【创建组件】选项，如图3-16所示。弹出【创建组件】对话框，用于设置组件信息，如图3-17所示。单击【创建】按钮，即可创建组件。

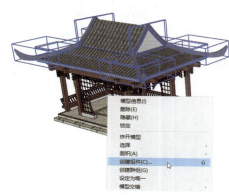

图3-16　右键关联菜单

图3-17　创建组件

3.1.5　删除工具

删除图形工具主要为【删除】工具✏️，选择【删除】工具✏️，单击想要删除的模型元素即可删除。

按住鼠标左键，在需要删除的模型元素中拖动鼠标，被选中的物体将呈突出显示，此时松开鼠标左键可将选中的对象全部删除。

（1）使用【删除】工具✏️的同时按住Shift键，将不会删除模型元素，而将边线隐藏。

（2）使用【删除】工具 的同时按住Ctrl键，将不会删除模型元素，而将边线柔化。

（3）使用【删除】工具 的同时按住Ctrl键和Shift键，将取消柔化效果，但不能取消隐藏。

3.1.6 实例——处理边线

下面通过实例介绍利用辅助键处理边线的方法。

（1）打开配套资源【水果桌椅.skp】文件，这是一个未进行线条处理的水果桌椅模型，模型棱角分明，线条粗糙不美观，如图3-18所示。

（2）以水果桌椅轮廓线为目标线段，激活【删除】工具 ，在线段上单击，此时线段被删除，由此线段构成的面也被删除，如图3-19和图3-20所示。

图3-18　水果桌椅模型

图3-19　删除擦除

图3-20　直接删除

（3）退回上一步操作，按住Shift键在线段上单击，此时线段被隐藏，但是由线段构成的轮廓还在，仍然显得有棱有角，如图3-21所示。

（4）退回上一步操作，按住Ctrl键在线段上单击，此时线段被柔化，看不到构成的轮廓，如图3-22所示。

图3-21　隐藏边线

图3-22　柔化边线

提示　　若要删除大量线，则建议使用更快的方法：激活【选择】工具 ，按住Ctrl键进行多选，然后按Delete键删除。

3.2 构造工具

SketchUp 2023的构造工具包括【卷尺】工具 、【尺寸标注】工具 、【量角器】工具 、【文本标注】工具 、【轴】工具 、【三维文字】工具 ，如图3-23所示。其中【卷尺】工具 和【量角器】工具 在绘图中起到非常重要的辅助作用。

图3-23　构造工具

3.2.1 卷尺工具

【卷尺】工具 可以执行一系列与尺寸相关的操作，主要有三个作用：测量两点间距离、创建辅助线和辅助点，以及对模型进行缩放。

1.测量长度

【卷尺】工具 最基本的用法是测量场景中两点之间的距离，以方便作图。

下面通过实例介绍利用卷尺工具测量长度的方法。

（1）单击激活工具栏中的【卷尺】工具 ，此时视图窗口中的光标变成卷尺形状。

（2）单击要测量模型元素的边线或端点。

（3）沿着目标方向移动光标，此时光标处出现一条虚线，这条虚线即为临时辅助线。

（4）达到要测量的距离后，单击鼠标左键完成测量，数值控制框中显示出测量的长度，如图3-24所示。

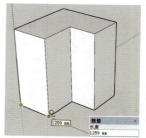

图3-24　测量长度

 使用【卷尺】工具 时按住Ctrl键，仅测量两点之间的距离而不生成辅助线。大多数时候不使用测量工具的测量功能，而是使用【直线】工具 进行测量。

2.创建辅助线

除了测量两点之间的距离之外，【卷尺】工具 还可以用于创建辅助虚线，这在作图过程中十分重要。

下面通过实例介绍利用卷尺工具创建辅助线的方法。

（1）激活【卷尺】工具 ，选择要测量的模型元素的边线或端点，将鼠标向创建辅助线的方向拖动。

（2）在数值控制框中输入具体距离数值，按Enter键确定，完成辅助线的创建，如图3-25所示。

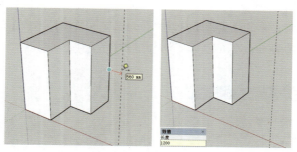

图3-25　绘制辅助线

3.全局缩放模型

【卷尺】工具 的全局缩放功能在将图像导入模型中时用得比较多，进行全局缩放时会在保证比例不变的情况下改变模型大小。

使用【卷尺】工具 在缩放依据的线段的两个端点上单击，并在数值控制框中输入缩放后线段的长度，按Enter键确定。此时弹出图3-26所示的提示对话框，单击【是】按钮确定缩放即可。

图3-26　提示对话框

利用【卷尺】工具 进行全局缩放模型时，所有从外部文件插入的组件都不会受到影响，因为这些组件都有独立于当前模型的缩放比例和几何约束，只有在当前模型中直接创建和定义的组件才会随着当前模型一起缩放。

3.2.2　实例——全局缩放调整餐桌高度

下面通过实例介绍利用卷尺工具进行全局缩放的方法。

（1）打开配套资源【餐桌组合.skp】文件，使用【卷尺】工具 测量餐桌高度，发现只有400mm，如图3-27所示，该尺寸不符合人体工程学。

（2）使用【卷尺】工具 在餐桌上指定起点，如图3-28所示。

（3）向下拖动光标，指定终点，输入尺寸800，如图3-29所示。

图3-27　打开模型

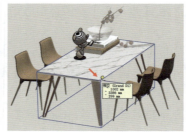

图3-28　指定起点

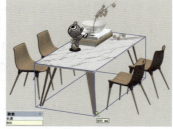

图3-29　指定终点

（4）按Enter键确定，系统弹出提示对话框，如图3-30所示，单击【是】按钮。

（5）此时餐桌恢复800mm的高度，结果如图3-31所示。

图3-30　提示对话框

图3-31　调整结果

3.2.3　尺寸标注与文字标注工具

在SketchUp中常常会出现需要标注说明图纸内容的情况，SketchUp提供了【尺寸标注】

与【文字标注】两种标注工具。

　　不同类型的图纸对标注样式的要求也不同，在场景中进行标注的第一步是根据图纸要求设置需要的标注样式。

　　下面通过实例介绍设置标注样式的方法。

　　（1）执行【窗口】|【模型信息】命令，在弹出的【模型信息】对话框中选择【尺寸】选项卡，单击右侧的【字体】按钮 字体... 进入【字体】对话框，如图3-32所示。

　　（2）根据国内制图规范，在【字体】列表框中选择【宋体】，字体的大小按照场景中模型的大小设定，单击【好】按钮完成字体的设置，如图3-33所示。

图3-32　管理尺寸

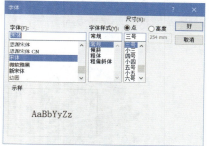

图3-33　字体设置

　　（3）在【尺寸】选项区中有【对齐屏幕】与【对齐尺寸线】两个单选按钮。选中【对齐屏幕】后，标注中的文字始终以水平方向显示，如图3-34所示。

　　（4）选中【对齐尺寸线】后，出现相关下拉列表，包括【上方】【居中】和【外部】，如图3-35所示。

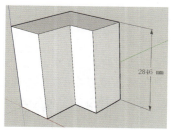

图3-34　对齐屏幕

图3-35　对齐尺寸线

　　（5）选择【上方】【居中】和【外部】后，标注的文字分别在尺寸线的上方、中间和外面显示，图3-36～图3-38为各选项的实施效果。

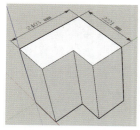

图3-36　上方显示

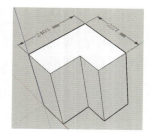

图3-37　居中显示

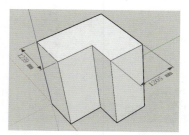

图3-38　外部显示

　　提示　　尺寸显示【对齐屏幕】是SketchUp系统默认设置，这种标注在复杂的场景中较易观看。

在绘制设计图或施工图时，经常需要在图纸上增加补充说明，如设计思路说明、材料运用和细部构造等内容，在SketchUp中通过【文字标注】工具，在模型相应的位置插入文本标注。

文本标注有两种类型，分别为【系统标注】和【用户标注】。【系统标注】是系统自动生成的与模型有关的信息文本，【用户标注】是由用户自己输入的文字标注。

下面通过实例介绍利用文本标注工具进行系统标注的方法。

（1）激活【文本标注】工具，此时光标显示为向下箭头并带有文字提示。

（2）移动光标将向下箭头对准需要标注的模型后单击鼠标左键。

（3）移动光标将文本标注移动到需要的位置。

（4）在文字标注输入框外单击鼠标左键，完成系统标注，如图3-39所示。

图3-39　系统标注

3.2.4　量角器工具

【量角器】工具主要用于测量角度和创建辅助线。

激活【量角器】工具，视图中出现一个量角器圆盘。

移动光标时，量角器会根据旁边坐标轴和几何体改变自身的定位方向，量角器圆盘会根据定位轴线的不同而改变颜色，如图3-40所示。可以按住Shift键锁定需要的量角器方向，还可以避免创建出辅助线。

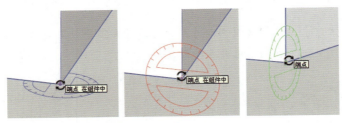

图3-40　量角器圆盘

3.2.5　轴工具

【轴】工具主要用于在模型中移动绘图光标轴，可以方便地在斜面上创建矩形物体，也可以更准确地缩放不在坐标轴平面上的物体。

下面通过实例介绍【轴】工具的使用方法。

（1）激活【轴】工具，光标处附着一个红/绿/蓝坐标符号，它将在模型中捕捉参考点。

（2）移动光标至放置新坐标系的原点处，通过参考工具提示确认是否放置在正确的点上，如图3-41所示。

（3）移动光标确定红轴的新方向，利用参考工具提示确认是否对齐，然后单击鼠标左键确定，如图3-42所示。

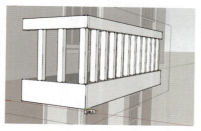
图3-41　确定坐标端点

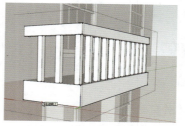
图3-42　确定红轴方向

（4）用同样的方法确定绿轴的新方向，蓝轴将自动确定，如图3-43所示。

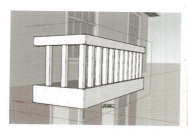
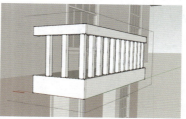
图3-43　确定绿轴和蓝轴方向

3.2.6　三维文字工具

【三维文字】工具🅰是从SketchUp 6.0开始增加的工具，主要用于利用SketchUp建模时添加模型中的Logo、雕塑艺术字等。在图3-44所示的【放置三维文本】对话框中输入文字后单击【放置】按钮，将文字放置在指定的位置即可。

图3-44　三维文字设置框

3.2.7　实例——在指示牌上添加文字

微课视频

下面通过实例介绍利用三维文字工具在指示牌上添加文字的方法。

（1）打开配套资源【指示牌.skp】文件，如图3-45所示。

（2）选择【三维文字】工具🅰，在【放置三维文本】对话框中输入文字，设置字体、高度等参数，如图3-46所示。

（3）单击【放置】按钮，在指示牌的圆形标识右侧放置文字，如图3-47所示。

（4）重复上述操作，继续创建三维文字，如图3-48所示。

图3-45　打开模型

图3-46　输入文字　　　　图3-47　放置文字

图3-48　放置结果

（5）在【放置三维文本】对话框中更改文字、高度参数，如图3-49所示。

（6）在红色圆形标识右侧放置文字，如图3-50所示。

（7）在【放置三维文本】对话框中输入数字，调整高度、已延伸参数，如图3-51所示。

（8）将数字放置在圆形标识中，并调整数字的位置，使其位于标识中间，如图3-52所示。

图3-49　设置参数

图3-50　放置文字

图3-51　设置参数

图3-52　放置数字

（9）继续在圆形标识中放置数字，效果如图3-53所示。

（10）激活【颜料桶】工具🎨，在【材质】面板的【颜色】类型中选择【M07色】材质，如图3-54所示。

（11）为文字赋予材质，结果如图3-55所示。

（12）调整视图的角度，打开【阴影】效果，最终效果如图3-56所示。

图3-53　放置数字的效果　　　图3-54　选择材质

图3-55　赋予材质

图3-56　最终效果

3.3　相机工具

相机工具包括【环绕观察】工具🔄、【平移】工具✋、【缩放】工具🔍、【缩放窗口】工具🔍、【缩放范围】工具✖ 和【上一个】工具🔄。

3.3.1　环绕观察工具

【环绕观察】工具🔄用于使照相机绕场景中的模型旋转，默认快捷键为鼠标中键。按住鼠标中键后，视图会随着鼠标的移动而旋转，也可以在【相机】工具栏中激活【环绕观察】工具，再按住鼠标左键拖动鼠标，使视图旋转，如图3-57所示。

图3-57 环绕观察

用鼠标中键双击绘图区某处时，此处将在绘图区居中。
使用【环绕观察】工具时按住Ctrl键，会增加竖直方向转动的流畅性。

3.3.2 平移工具

【平移】工具用于在视图中的水平或垂直方向移动相机，默认快捷键为鼠标中键+Shift键，即在环绕观察时按下Shift键就可以平移视图。

鼠标中键和鼠标左键同时按下时也可以切换至【平移】工具。

与【环绕视察】工具一样，【平移】工具在激活状态下，在绘图区某处双击，此处将在绘图区居中。

3.3.3 缩放工具

【缩放】工具用于调整相机与模型之间的距离，还可以调整相机的焦距，默认快捷键为鼠标滚轮。

在不激活【缩放】工具的情况下，向前推动鼠标滚轮，可放大视图，如图3-58所示；向后推动鼠标滚轮，可缩小视图，如图3-59所示。

图3-58 向前推动滚轮　　　　　　　　图3-59 向后推动滚轮

激活【缩放】工具后，按住鼠标左键向上拖动鼠标，即放大视图，如图3-60所示；按住鼠标左键向下拖动鼠标，即缩小视图，如图3-61所示。

图3-60　向上拖动　　　　　图3-61　向下拖动

激活【缩放】工具 🔍 后，可以在数值控制框中输入数值调整缩放焦距和视角。例如，输入【45mm】，按Enter键确定，表示将相机焦距设置为45mm，如图3-62所示；输入【120deg】，按Enter键确定，表示将视角设置为120度，如图3-63所示。

图3-62　设置焦距

图3-63　设置视角

在模型中漫游时通常需要调整视野，激活【缩放】工具 🔍，按住Shift键，再上下拖动鼠标即可改变视野。

与【环绕观察】工具 🔄 和【平移】工具 ✋ 相同，在【缩放】工具 🔍 激活状态下在绘图区某处双击，此处将在绘图区居中。

> 💡 提示　　以上三个工具在SketchUp中经常用到，也是通过鼠标即可激活的重要命令，一定要耐心操作一段时间将其应用顺手。

3.3.4　缩放窗口工具

【缩放窗口】工具 🔍 用于在视图中选择一个矩形区域，将其放大或充满视窗。

激活【缩放窗口】工具 🔍，按住鼠标左键，框选出一个矩形区域后松开鼠标左键，框选区域将充满视窗，如图3-64所示。

图3-64　缩放窗口

3.3.5　缩放范围工具

【缩放范围】工具 ✖ 用于在当前视图中，使模型在绘图区窗口居中并充满视窗，让人可以看到整个场景中的所有可见实体。图3-65为选中模型的某个区域后，激活【缩放范围】工具 ✖ 后的效果。

图3-65　缩放范围

3.3.6　上一个工具

【上一个】工具🔍用于撤销以返回上一个镜头视野，恢复视图变更，可倒退5步。

3.4　漫游工具

漫游工具包括【定位镜头】工具🚶、【正面观察】工具👁和【漫游】工具👣，用于在视图中自由查看模型。

3.4.1　定位镜头工具

【定位镜头】工具🚶用于在指定的实线高度观察场景中的模型。在视图中单击鼠标即可获得人视角的大概视图，拖动鼠标可以精确调整相机位置。

在设计过程中，经常需要快速检查屋顶的设施，或者推敲建筑坐落在哪个位置比较好。传统做法是制作工作模型，而在设计初期绘制精确的透视图是不实际的。虽然透视草图有助于方案设计的推敲，但草图毕竟不精确，无法提供良好的视图效果，甚至会干扰设计意图。

使用SketchUp可以很好地解决这个问题。在设计的任何阶段都可以得到精确且可以量度的透视图。

【定位镜头】工具🚶有两种使用方法。

1. 鼠标单击

鼠标单击使用的是当前的视点方向，仅仅是把相机放置在单击的位置上，并设置相机高度为通常的视点高度，系统默认高度偏移距离为1676mm，鼠标在某处单击后即确定照相机的新高度，即眼睛高度，如图3-66所示。

如果在平面上放置相机，则默认的视点方向向上，就是一般情况下的北向。

图3-66　鼠标单击

2. 单击并拖动

单击并拖动鼠标可以更准确地定位照相机的位置和视线。先单击确定照相机，即人眼所在的位置，然后拖动光标到要观察的点，再松开鼠标左键即可，如图3-67所示。

图3-67　单击并拖动

提示

若只需要大致的人眼视角的视图，则用鼠标单击的方法即可。若要比较精确地放置照相机，则可以用鼠标单击并拖动的方法。

先使用【卷尺】工具🗸和数值控制框来放置辅助线，这样有助于更精确地放置相机。

放置好相机后，会自动激活【环绕观察】工具✛，让你从该点向四处观察。此时也可以再次输入不同的数值来调整视点高度。

3.4.2　正面观察工具

【正面观察】工具👁用于让相机以自身为固定点，旋转观察模型。此工具在观察内部空间时极为重要，可以在放置相机后用来评估视点的观察效果。

使用【正面观察】工具👁时，可以在数值控制框中输入数值，来设置视点距离地面的准确高度。

提示

【旋转】工具🔄与【正面观察】工具👁的区别和联系。

区别：使用【旋转】工具🔄进行旋转查看时以模型为中线点，相当于人绕着模型查看，而【正面观察】工具👁以视点为轴，相当于人站在视点不动，眼睛左右旋转查看。

联系：通常鼠标中键可以激活【旋转】工具🔄，但在使用漫游工具的过程中，按住鼠标中键会激活【正面观察】工具👁。

3.4.3　漫游工具

【漫游】工具👣可以像散步一样观察模型，还可以固定视线高度，然后在模型中漫步。只有在激活透视模式的情况下，漫游工具才有效。

1. 使用漫游工具

在绘图窗口的任意位置按住鼠标左键激活【漫游】工具👣，在场景中会放置一个十字符

号 ，这是光标参考点的位置，脚步离十字符号越远，漫游速度越快。

继续按住鼠标左键不放，向上移动是前进，向下移动是后退，左右移动是左转和右转。距离光标参考点越远，移动速度越快。

移动鼠标的同时按住Shift键，可以进行垂直或水平移动。

按住Ctrl键可以移动得更快，【快速奔跑】功能在大的场景中非常有用。

2. 使用广角视野

在模型中漫游时通常需要调整视野。要改变视野可以激活【缩放】工具🔍，按住Shift键，再上下拖动鼠标即可。

3. 正面观察快捷键

在使用【漫游】工具👣的同时，按住鼠标中键可以快速旋转视点，这其实就是临时切换到【正面观察】工具。

3.4.4 实例——漫游别墅

下面通过实例介绍利用漫游工具在别墅外漫游的方法。

（1）打开配套资源【漫游别墅.skp】文件，如图3-68所示，这是一幢独立别墅模型。

（2）在【相机】中将视图模式更改为【透视显示】模式，如图3-69所示。在取消透视图模式的情况下，漫游工具将变为灰色，表示不可用。

图3-68　打开模型

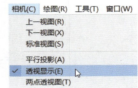

图3-69　切换视图

（3）激活【漫游】工具👣，在数值控制框中将眼睛高度（视线高度）设置为10000.0mm，如图3-70所示，根据需要可自定眼睛高度。

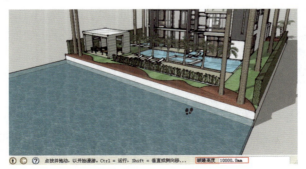

图3-70　设置眼睛高度

（4）按住鼠标中键，拖动鼠标调整视线方向，此时光标形状由👣变为👁，图3-71和图3-72分别为在屋顶花园中通过上述操作向上拖动鼠标和向左拖动鼠标的效果。

图3-71　向上拖动鼠标　　　　　　　　　　　图3-72　向左拖动鼠标

（5）按Esc键取消视线方向，光标由  变回 形状，此时便可开始在别墅外自由漫步。按住鼠标左键，在场景中移动光标，如图3-73所示。也可通过键盘方向键控制视线方向，↑为前进，↓为后退，→、←分别为向右移动和向左移动（向左前方移动时，移动得更快）。

（6）在拖动鼠标的漫步过程中松开鼠标左键，场景中模型的材质将会显现，如图3-74所示。此时可以增加一个新的场景。若想继续前行，则重新按住鼠标左键拖动鼠标即可。

图3-73　自由漫步　　　　　　　　　　　　图3-74　显示材质

 在漫步过程中触碰到墙壁，光标将显示为 ，表示无法通过，此时按住Alt键即可穿过墙壁，继续前行。

3.5　截面工具

【截面】工具栏包括【剖切面】工具 、【显示剖切面】工具 、【显示剖面】工具 和【显示剖面填充】工具 ，如图3-75所示，主要用于控制场景中的剖面效果。剖面是建筑设计的基本内容，不仅可以表达空间关系，还可以直观地反映复杂的空间结构。

【剖切面】工具 ：用于创建新剖面。

【显示剖切面】工具 ：用于在剖面视图和完整模型视图之间切换。

【显示剖面】工具 ：用于快速显示和隐藏所有剖切的面。

【显示剖面填充】工具 ：用于显示剖面填充图案。

图3-75　【截面】工具栏

3.5.1　增加剖切面

【剖切面】工具 用于创建剖切效果，剖切面在空间的位置，以及在组合组件的关系决定了剖切效果的本质。

激活【剖切面】工具，光标处显示出新的剖切面，移动光标至几何体上，剖切面会捕捉对齐到每个表面上，可以按住Shift键锁定剖切面所在的平面。

在合适位置单击鼠标左键放置剖切面，即添加一个新剖切面，如图3-76所示。

图3-76　增加剖切面

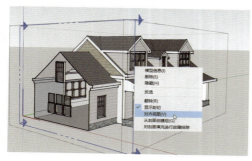

图3-77　对齐视图

3.5.2　重新放置剖切面

剖切面和其他SketchUp实体一样，可以使用移动工具和旋转工具来重新放置。

1. 翻转剖切方向

在剖切面上单击鼠标右键，在关联菜单中选择【反转】选项，可以反转剖切的方向，如图3-78所示。

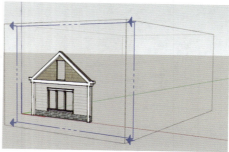

图3-78　反转剖切方向

2.改变当前激活的剖切面

放置一个新的剖切面后，该剖切面会自动激活。虽然在视图中可以放置多个剖切面，但是在同一个组或组件中，一次只能激活一个剖切面。激活一个剖切面的同时会自动冷冻其他剖切面，而在不同组内的剖切面不会相互影响。如图3-79所示，三个柜子的剖切面分别在三个不同的组中，它们的剖切面相对独立。

图3-79　激活剖切面

提示　　激活剖切面有两种方法：用【选择】工具 在剖切面上双击鼠标左键；或在剖切面上右击，在关联菜单中选择【活动切面】选项进行激活。

3.5.3　隐藏剖切面

隐藏剖切面主要可以通过以下两种方法。

（1）通过【剖切面】工具栏来控制全局的剖切面的显示和隐藏。

（2）选中需要隐藏的剖切面后利用隐藏工具将其隐藏。

将剖切面隐藏并非隐藏了剖切面的剖切功能。若隐藏的是一个已激活的剖切面，则该剖切面仍处于被剖切状态，如图3-80所示。若隐藏的是一个未被激活的剖切面，则剖切状态不显示，但剖切面也仍处于被剖切状态，如图3-81所示。

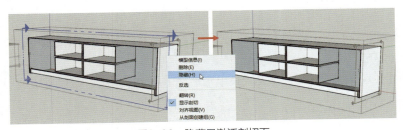

图3-80　隐藏已激活剖切面

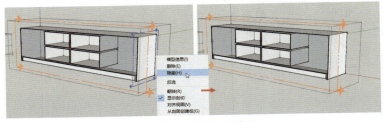

图3-81　隐藏未激活剖切面

3.5.4 实例——导出办公楼剖切面图

微课视频

下面通过实例介绍利用剖切面工具导出办公楼剖面图的方法。

（1）打开配套资源【办公楼.skp】文件，如图3-82所示。

（2）执行【文件】|【导出】|【剖切面】命令，如图3-83所示。

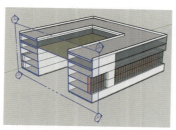

图3-82 打开文件

图3-83 执行命令

（3）在【输出二维剖面】对话框中，将文件类型设置为【Auto CAD DWG 文件（*.dwg）】，如图3-84所示。

（4）单击【输出二维剖面】对话框中的【选项】按钮进入【DWG/DWF输出选项】对话框进行相关设置，如图3-85所示。设置完成后单击【好】按钮退出对话框。

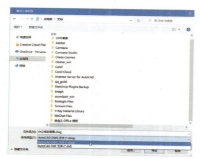

图3-84 选择文件类型

图3-85 参数设置

（5）单击【导出】按钮，稍后弹出图3-86所示的提示对话框，提醒用户已经完成场景中剖面图的导出。

（6）在AutoCAD中打开导出的剖面图如图3-87所示。

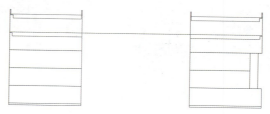

图3-86 提示对话框

图3-87 剖面图

3.6 视图工具

在SketchUp 2023中将【相机】工具栏与【漫游】工具栏合并为【镜头】工具栏，故在

SketchUp 2023中可通过两种主要方法在场景中查看模型，即使用【镜头】工具栏和【视图】工具栏。本节主要介绍通过【视图】工具栏在界面中查看模型的方法。

3.6.1 在视图中查看模型

【视图】工具栏主要用于切换当前视图为不同的标准视图模式，包括如图3-88所示的7种视图方式，从左至右分别为：轴测图、顶视图、前视图、右视图、左视图、后视图、底视图。

图3-88 【视图】工具栏

图3-89～图3-95为7个标准视图模式下的观景亭显示效果。

图3-89 轴测图

图3-90 顶视图

图3-91 前视图

图3-92 右视图

图3-93 左视图

图3-94 后视图

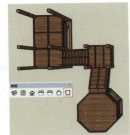
图3-95 底视图

3.6.2 透视模式

透视模式是模拟眼睛观察物体和空间的三维尺度的效果。透视模式可以在【相机】菜单中选择【透视显示】选项，或者在【视图】工具栏中选择【轴测图】选项激活，如图3-96所示。

切换到透视模式时，相当于从三维空间的某一点观察模型。所有的平行线会相交于屏幕上的同一个消失点，物体沿一定的入射角度收缩和变短。图3-97为透视模式下的简易房子平行线显示效果。

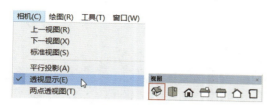

图3-96　激活方式

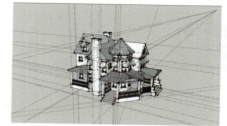

图3-97　平行线

> **提示**　在视图中的模型不止有一个透视模式，透视效果会随着当前场景的视角发生相应变化，图3-98～图3-100为在不同视角时激活【透视显示】的效果。

图3-98　正面透视

图3-99　侧面透视

图3-100　背面透视

3.6.3　轴测模式

轴测模式相当于三向投影图，即SketchUp中的平行投影模式。等轴测投影图是模拟三维物体沿特定角度产生平行投影图，其实只是三维物体的二维投影图。

轴测模式可以执行【相机】|【平行投影】命令激活，如图3-101所示。

在等轴测模式下有三个等轴测面。如果用一个正方体来表示一个三维坐标系，那么在等轴测图中，这个正方体只有三个面可见，这三个面就是等轴测面，如图3-102所示。

这三个面的平面坐标系是各不相同的，因此在绘制二维等轴测投影图时，首先要在左、上、右三个等轴测面中选择一个设置为当前的等轴测面。

在轴测模式中，物体的投影不像在透视图中那样有消失点，但是所有平行线在屏幕上仍显示为平行，如图3-103所示。

图3-101　激活方式

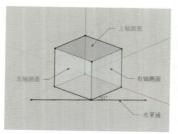

图3-102　等轴测面

图3-103　轴测模式

3.7 样式工具

【样式】工具栏包括7种显示样式，如图3-104所示。在SketchUp建模过程中灵活运用这些工具，可以给作图带来极大的方便。7种显示样式又分为两部分，一部分为【X射线】模式和【后边线】模式，另一部分为【线框显示】模式、【隐藏线】模式、【着色显示】模式、【贴图】模式和【单色显示】模式。前一部分无法脱离后一部分单独存在。

图3-104　【样式】工具栏

3.7.1　X射线模式

【X射线】模式可以与后一部分中除【线框显示】模式外的4种模式一起使用，在此模式下，模型中的所有面都呈透明显示，可以透过模型编辑所有边线。图3-105为【X射线】模式结合【贴图】模式下的欧式廊架模型。

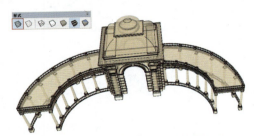

图3-105　【X射线】模式结合【贴图】模式

3.7.2　后边线模式

与【X射线】模式相似，【后边线】模式也可以与后一部分中除了【线框显示】模式外的4种模式一起使用。此模式的场景模型将显示出模型中看不见的隐藏线，即建筑中以虚线形式表现的线。图3-106为【后边线】模式下的欧式廊架模型。

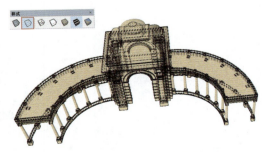

图3-106　【后边线】模式

3.7.3 线框显示模式

　　【线框显示】模式 下的场景模型仅以简单线条显示，没有构成面，所以无法与【X射线】
模式 和【后边线】模式 一起使用，此时也不能使用【推/拉】工具 。图3-107为【线框
显示】模式 下的欧式廊架模型。

图3-107　【线框显示】模式

3.7.4 隐藏线模式

　　【隐藏线】模式 下的所有线都以消隐线模式显示，所有面都有背面颜色和隐线，无贴
图，如图3-108所示。

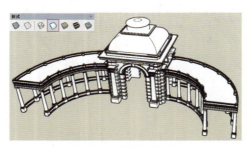

图3-108　【隐藏线】模式

3.7.5 着色显示模式

　　【着色显示】模式 下的模型将显示带有阴影却没有纹理的材质，如图3-109所示。

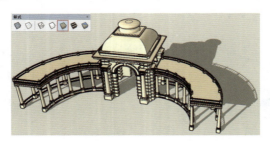

图3-109　【着色显示】模式

3.7.6 贴图模式

在【贴图】模式下，所有应用到面上的贴图都会显示，如图3-110所示。贴图全部显示会影响SketchUp运行速度，所以在绘制模型过程中一般不采用此模式。

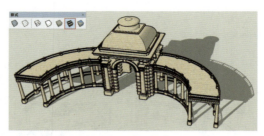

图3-110 【贴图】模式

3.7.7 单色显示模式

【单色显示】模式用于分辨模型的正反面来默认材质的颜色，如图3-111所示。

图3-111 【单色显示】模式

3.8 案例演练——调整车辆尺寸

本节利用【卷尺】工具调整卡车的尺寸，使其恢复正常的比例。为了方便凸显卡车的体积，在车辆旁边放置了一个人物组件。

（1）打开配套资源【卡车.skp】文件，如图3-112所示。通过与人物组件的对比，发现卡车的比例是不正确的。

（2）激活【卷尺】工具，在车厢右上角单击指定起点，如图3-113所示。

图3-112 打开文件

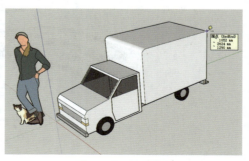

图3-113 指定起点

（3）向下拖动光标，指定终点，并输入新的尺寸2340，如图3-114所示。

（4）系统弹出提示对话框，如图3-115所示，单击【是】按钮即可。

（5）调整卡车比例的结果如图3-116所示。

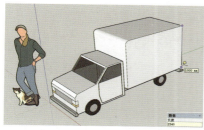
图3-114　指定终点

图3-115　提示对话框

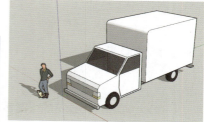
图3-116　调整结果

3.9 提升练习——漫游商场

打开配套资源提供的【商场.skp】文件，如图3-117所示。使用漫游工具，从商场外部的广场进入室内，边走边看，领略现代休闲生活。

图3-117　商场模型

3.10 温故知新——利用样式工具查看模型

打开配套资源提供的【别墅露台.skp】文件，如图3-118所示，利用样式工具从不同的角度观察模型。

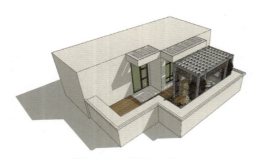
图3-118　别墅露台模型

第 4 章 SketchUp 绘图管理工具

SketchUp有自身独特的绘图管理工具，可以对场景中的绘图工具和图元进行管理。将工具和图元分类管理可以让绘图过程清晰明了，正确运用SketchUp绘图管理工具，可以培养初学者良好的作图习惯。

4.1 样式设置

SketchUp自带很多风格样式的显示模式，执行【窗口】|【样式】命令可以打开【样式管理器】进行样式设置。

4.1.1 样式管理器

【样式管理器】主要包括【选择】【编辑】和【混合】三个选项卡，如图4-1所示。

【样式管理器】可以对场景模型进行风格样式、天空背景、边线、表面的显示效果等方面的设置，功能十分强大，通过不同的风格设置，可以让图纸表达更具艺术感，体现强烈的独特个性。

1.【选择】选项卡

【选择】选项卡主要用于设置场景模型的风格样式，SketchUp默认提供了图4-2所示的风格类型，每一种风格又有各种不同样式，可以单击风格缩略图将其应用于场景中。

图4-1 样式管理器

图4-2 【选择】选项卡

图4-3～图4-9为不同风格中某样式下的房子显示效果。

图4-3 Style Builder 竞赛获得者

图4-4 手绘边线

图4-5 混合风格

图4-6　照片建模

图4-7　直线

图4-8　预设风格

图4-9　颜色集

 提示　若没有适合自己的模板，则可以在自行调整天空背景后，执行【文件】|【另存为模板】命令，保存自己设定的模板，再次使用SketchUp时，在向导界面的【模板】选项中选择自己设置的模板即可。

2.【编辑】选项卡

【编辑】选项卡包括5个子命令，从左至右分别为：【边线设置】、【平面设置】、【背景设置】、【水印设置】和【建模设置】，如图4-10所示。右侧显示当前编辑的选项。选择各子命令可以分别对场景模型的显示模式进行编辑设置。

【边线设置】：图4-11为边线设置界面，通过左侧的边线模式可以对场景中的模型边线样式进行编辑，模型边线颜色也可以通过下方的【颜色】下拉列表进行控制。

【边线样式】：主要包括显示边线、后边线、轮廓线、深粗线、出头、端点和抖动、短横。其中，在选择【抖动】样式时，同时开启【短横】样式，可以优化模型的边线显示。

【颜色】：在SketchUp中默认边线颜色为黑色，单击【颜色】下拉列表右侧的色块■可进入【选择颜色】对话框将边线设置为其他颜色，如图4-12所示。

3.【混合】选项卡

【混合】选项卡主要用于对场景设置混合风格，可以为同一场景设置多种不同风格，如图4-13所示。

图4-10　【编辑】选项卡

图4-11　边线设置

图4-12　选择颜色

图4-13　【混合】选项卡

下面通过实例介绍【样式管理器】中颜色选项的使用方法。

（1）打开配套资源中的【室内模型.skp】文件，如图4-14所示。

图4-14　打开文件

（2）执行【窗口】|【默认面板】|【样式】命令，打开【样式】面板，选择【编辑】选项卡中的【边线设置】复选框，将颜色设置为【全部相同】，此时模型中所有边线的显示颜色一致，如图4-15所示。

图4-15　按颜色显示

（3）将显示模式切换为【以线框模式显示】，再将颜色设置为【按材质】，此时模型中不同材质物体之间的边线区分开来，如图4-16所示。

图4-16　按材质显示

（4）将颜色设置为【按轴线】，此时模型中位于不同轴线上的边线显示不同的颜色，如图4-17所示。

图4-17　按轴线显示

【平面设置】：主要用于修改材质的【正面颜色】和【背面颜色】，以及对场景模型表面显示模式进行设置，如图4-18所示。

SketchUp使用的是双面材质，单击【正面颜色】和【背面颜色】右边的色块可进入【选择颜色】对话框对场景的正背面颜色进行相关设置，如图4-19所示。

SketchUp自带几种风格样式，丰富多彩，在复杂的场景中可以方便地对模型进行修饰编辑。主要包括【以线框模式显示】【以隐藏线模式显示】【以阴影模式显示】【使用纹理显示阴影】【使用相同的选项显示有着色显示的内容】和【以X射线模式显示】6种显示模式。

【背景设置】：主要用于修改场景中的背景颜色，如图4-20所示。

图4-18　平面设置
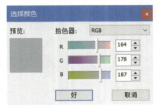
图4-19　设置正面、背面颜色

图4-20　背景设置

4.1.3　实例——设置车房背景

下面通过实例介绍在【样式】面板中设置背景的方法。

（1）打开配套资源中的【别墅模型.skp】文件，如图4-21所示。

图4-21　打开文件

（2）在【样式】面板中选择【编辑】选项卡，选中【天空】复选框，单击右侧的色块，如图4-22所示。

（3）在【选择颜色】对话框中设置RGB值，如图4-23所示。

图4-22　选择选项
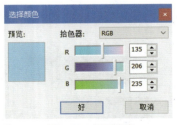
图4-23　设置颜色

（4）单击【好】按钮，查看添加天空的效果，如图4-24所示。

由于模型中已经创建了地面，所以在本例中没有设置【地面】，可以参考设置【天空】颜色的方法设置【地面】颜色，如图4-25所示。

【透明度】滑块用于设置地面在不同透明程度下的效果，通过调整可以看到地平面以下的物体。

选择【从下面显示地面】复选框，当视线从地平面由下往上看时，可以看到渐变的地面效果。

图4-24　添加天空

图4-25　设置地面

【水印设置】：水印特性允许在模型后或模型前放置二维图像，图像放置于背景层能用于创造背景，或者模拟在带纹理的表面上绘图的效果，放置在背景前能用于给模型添加标签。【水印设置】界面如图4-26所示。

添加/删除水印⊕ ⊖：单击⊕按钮，可选择二维图像作为水印图像添加在场景模型中。选择不需要的水印图像，单击⊖按钮，在弹出图4-27所示的对话框中单击【是】按钮可将水印图像删除。

编辑水印✿：用于控制水印的透明度、位置、大小和纹理排布。

导出水印图像：在水印图像上右击，右键关联菜单中将出现【输出水印图像】命令，如图4-28所示，选择该命令可将模型中的水印图像导出。

调整水印的前后位置❮ ❯：用于切换水印图像在场景模型中的位置，作为前景或者背景。

图4-26　水印设置

图4-27　确认删除水印

图4-28　导出水印图像

4.1.4　实例——添加水印

下面通过实例介绍添加背景水印的方法。

（1）打开配套资源中的【建筑.skp】文件，如图4-29所示。

图4-29　打开文件

（2）在【样式】面板中选择【编辑】选项卡，单击【添加水印】按钮⊕，在打开的【选择水印】对话框中选择图像，如图4-30所示，单击【打开】按钮。

SketchUp实用教程（第2版）室内·建筑·景观设计（微课版）

（3）此时水印图片出现在场景模型中，并弹出图4-31所示的【创建水印】对话框，选择【背景】单选按钮，并单击【下一步】按钮。若选择【覆盖】则是置于模型前作为覆盖。

图4-30　选择水印　　　　　　　　　　　图4-31　选择水印添加位置

（4）在【创建水印】对话框中出现使用颜色的亮度来创建遮罩的水印，以及改变透明度以使图像与模型混合的提示信息，如图4-32所示，不勾选【创建蒙版】复选框，默认透明度，单击【下一步】按钮。

（5）在【创建水印】对话框中选择【拉伸以适合屏幕大小】单选按钮，并取消选择【锁定图像高宽比】复选框，单击【完成】按钮，如图4-33所示。

（6）添加水印的效果如图4-34所示。

图4-32　调节水印透明度　　图4-33　设置水印尺寸　　　　　　图4-34　完成效果

提示　　若对水印设置不满意，则可单击 ✿ 按钮打开【编辑水印】对话框，如图4-35所示，重新设置参数，如图4-36所示。

【建模设置】：用于对选定模型物体的颜色、已锁定模型物体的颜色、导向器颜色等属性进行修改，如图4-37所示。

图4-35　编辑水印　　图4-36　【编辑水印】对话框　图4-37　建模设置

选定项：单击可设置场景中所选物体突出显示时的颜色。

已锁定：单击可设置场景中被锁定物体突出显示时的颜色。

参考线：单击可设置场景中参考线的颜色。

模型轴线/剖切面/截面切割/剖面填充：用来设置这四项的显示颜色。

4.2 标记设置

在2D软件中，标记犹如将数张描绘着图形组件的纸张重叠，而在SketchUp这样的3D软件中基本没有这样的标记概念，但仍然存在类似标记的几何体管理技术。

SketchUp的标记是指分配给图面组件或对象并给予名称的属性，将对象配置在不同的标记中可以更简单地控制颜色与显示状态。由于特殊的标记性质，SketchUp提供了分层级的组和组件来加强管理几何体。组、组件（特别是嵌套的组或组件）比标记能更有效地管理和组织几何体。

4.2.1 【标记】工具栏

执行【视图】|【工具栏】命令，在打开的【工具栏】对话框中选择【标记】复选框，如图4-38所示。单击【关闭】按钮，可以在界面中显示【标记】工具栏。

单击【标记】工具栏，在弹出的列表中显示当前场景包含的标记，如图4-39所示。

在工具栏上右击，在弹出的快捷菜单中选择【标记】选项，也可以打开【标记】工具栏。

下拉按钮▽：单击可展开标记下拉列表，显示场景模型拥有的标记，如图4-40所示。将光标放置在标记名称上，选框显示为蓝色，如图4-41所示。

图4-38　【工具栏】对话框　　图4-39　【标记】工具栏　　图4-40　下拉选框　　　图4-41　蓝色显示

4.2.2 【标记】面板

SketchUp中的标记与其他软件中的标记不一样，它并未将几何体分隔开，即在不同标记中创建几何体并不是指这个几何体不会和别的标记中的几何体合在一起。

【标记】面板用于查看和编辑模型中的标记，通过【标记】面板可以设置模型中所有标记的颜色和可见性。

执行【窗口】|【默认面板】|【标记】命令，如图4-42所示，打开【标记】面板，如图4-43所示。

图4-42　调用方式　　　　　图4-43　【标记】面板

4.2.3 标记属性

在场景中选择模型元素右击，在关联菜单中选择【图元信息】选项，即可在【图元信息】对话框中查看所选模型元素的图元信息。

【图元信息】包括所选模型所在标记、名称等属性，可直接修改。

在【标记】下拉列表中选择任意一个标记，可将模型移动至该标记。喷泉造型模型原本位于【喷泉造型】标记中，将其移动至【标记】标记，如图4-44所示。

> 提示　将几何体模型从一个标记移动到另一个标记的其他方法：选择要移动的物体，单击【标记】下拉列表中的目标标记，物体移动到指定标记中，如图4-45所示。同时指定标记也将变为当前标记。

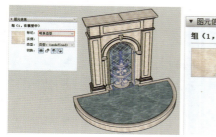

图4-44　移动标记　　　　　　　　　　　　图4-45　移动标记

4.2.4 实例——通过标记管理模型

微课视频

本实例介绍通过标记管理模型的方法。

（1）打开配套资源提供的【欧式景墙.skp】文件，如图4-46所示。

（2）在【标记】面板中展示当前场景包含的所有标记，如图4-47所示。

（3）选择【花】标记，单击标记名称前的眼睛图标👁，关闭标记，如图4-48所示。

（4）场景中所有位于【花】标记的模型都被隐藏，如图4-49所示。

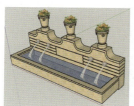

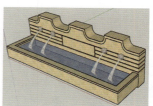

图4-46　打开文件　　图4-47　当前场景的标记　　图4-48　关闭标记　　图4-49　模型被隐藏

（5）选择【喷嘴造型】标记、【水柱】标记，单击【添加标记文件夹】按钮，如图4-50所示。

（6）执行上述操作后，在新建的标记文件夹中包含选中的两个标记，重命名标记文件夹为【造型标记】，如图4-51所示。

（7）关闭标记文件夹，所有位于该文件夹中的模型都被隐藏，如图4-52所示。

图4-50　选择标记

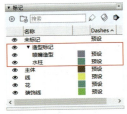
图4-51　新建标记文件夹

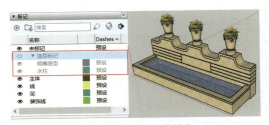
图4-52　关闭标记文件夹

（8）选择【轮廓线】标记，右击，在弹出的快捷菜单中选择【删除标记】选项，如图4-53所示。

（9）系统弹出【删除包含图元的标记】对话框，选中【分配另一个标记】单选按钮，在下拉列表中选择【主体】标记，如图4-54所示。

（10）单击【好】按钮，【轮廓线】标记被删除，此前位于该标记中的图元被分配到【主体】标记中，如图4-55所示。

图4-53　选择选项

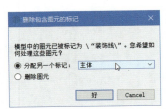
图4-54　选择标记

图4-55　删除标记

 在【删除包含图元的标记】对话框中选中【删除图元】单选按钮，标记以及标记中包含的图元会被一起删除。

4.3　雾化和柔化边线设置

设置雾化和柔化边线，可以调整场景的显示效果，细化模型，使其造型更圆润。

4.3.1　雾化设置

雾化效果在SketchUp中主要用于表现鸟瞰图，制造远景效果，【雾化】面板如图4-56所示。

【显示雾化】：勾选后，场景中将显示雾化效果。

【距离】调节器：用于控制雾化效果的距离和浓度。0表示雾化效果视点起始位置，正无穷符号 ∞ 表示雾化效果开始与结束时的浓度。

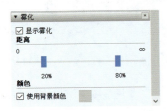
图4-56　【雾化】面板

【颜色】：用于设置雾化效果颜色。选中【使用背景颜色】复选框，将使用默认背景色，可单击右侧的色块设置颜色。

4.3.2 实例——添加雾化效果

微课视频

下面通过实例介绍为公园添加雾化效果的方法。

（1）打开配套资源【公园.skp】文件，如图4-57所示。

（2）执行【窗口】|【默认面板】|【雾化】命令，如图4-58所示。

（3）在弹出的【雾化】面板中选中【显示雾化】复选框，此时场景中的天空效果消失，调整蓝色滑块的位置，重定义雾气的距离；选中【使用背景颜色】复选框，使雾气的颜色与背景相同，如图4-59所示。

图4-57　打开文件

图4-58　选择选项

图4-59　设置参数

（4）添加雾化效果后，场景显示如图4-60所示。

图4-60　添加雾化效果

4.3.3 柔化边线设置

SketchUp的边线可以进行柔化和平滑，从而使有折面的模型看起来圆润光滑。边线柔化以后，在拉伸的侧面会自动隐藏。柔化的边线还可以进行平滑，使相邻的表面在渲染中均匀过渡。

选中要柔化的物体，执行【窗口】|【柔化边线】命令或右击，在关联菜单中选择【柔化/平滑边线】选项激活【柔化连线】卷展栏，如图4-61所示。

图4-62为一个欧式廊亭石柱，标准边线显示使其变得十分粗糙。下面对其进行如下操作。

图4-61　【柔滑边线】卷展栏

图4-62　边线显示

【法线之间的角度】：用于调整光滑角度的下线，超过此数值的夹角将被柔化，柔化的边线会自动隐藏，如图4-63所示。

【平滑法线】：用于对限定角度范围的物体应用平滑效果，如图4-64所示。

【软化共面】：勾选此复选框后，将自动柔化共面并相连接的表面之间的交线，如图4-65所示。

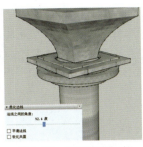
图4-63 调节法线角度

图4-64 平滑法线

图4-65 软化共面

> 提示
>
> 在SketchUp中，一些精细的曲面或粗糙的折面会使柔化效果以渐变色显示，变得不够准确，但实际上所有的表面都是直角正交的。
>
> 过多的柔化处理会增加计算机的负担，从而影响到你的工作。建议结合作图意图找到一个平衡点，从而对较少的几何体进行柔化/平滑，得到相对较好的显示效果。

4.4 SketchUp群组工具

组即群组，相当于AutoCAD中块的概念，是一些点、线、面或实体的集合，为在复杂场景中对模型进行局部修改提供方便。

4.4.1 组的创建与分解

1. 组的创建

选中要创建为群组的模型元素，右击，在右键关联菜单中选择【创建群组】选项，如图4-66所示。或者执行【编辑】|【创建群组】命令，如图4-67所示。

图4-66 右键关联菜单

图4-67 【编辑】菜单

群组创建完成后，群组外侧将呈突出显示的边界框，且边框为蓝色，如图4-68所示。

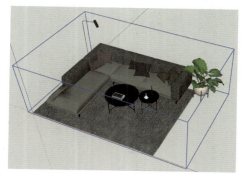

图4-68　显示蓝色外框

2. 组的分解

群组的取消与创建一样方便：选择需要分解的群组，右击，在右键关联菜单中选择【炸开模型】选项，如图4-69所示。或者执行【编辑】|【撤销组】命令，如图4-70所示。

图4-69　右键关联菜单

图4-70　【编辑】菜单

提示

在SketchUp绘图过程中，群组的建立越早越好，通常做完一部分即可将其创建为群组，再继续进行组的编辑。

在分解群组时，若选中的是层级群组，则将取消最大的组，大群组中的小群组不受影响。若要取消层级群组中的各级群组，则需多次执行【炸开模型】操作。

4.4.2　组的锁定与解锁

锁定组可以避免在编辑时影响其他模型。解锁组则需要对其进行再编辑。

1. 组的锁定

群组确定以后，在不需要进行下一步编辑时，可以将群组锁定，以免错误的操作将原有的群组损坏。锁定后的群组不能进行任何修改操作，如移动、旋转、删除等。

选择需要锁定的群组，右击，在右键关联菜单中选择【锁定】选项即可，如图4-71所示。执行【编辑】|【锁定】命令，如图4-72所示，可以锁定群组。

锁定群组后，群组外侧将呈突出显示的边界框，且边框为红色，如图4-73所示。

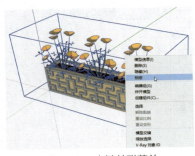

图4-71 右键关联菜单

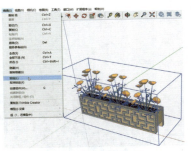

图4-72 【编辑】菜单

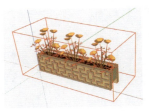

图4-73 显示红色边框

2. 组的解锁

群组在锁定的状态下无法进行任何编辑，若要对群组进行编辑，则要将其解锁。

选择要解锁的群组，右击，在右键关联菜单中选择【解锁】选项，如图4-74所示。或者执行【编辑】|【取消锁定】|【选定项】|【全部】命令，如图4-75所示。

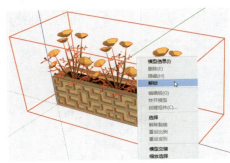

图4-74 右键关联菜单

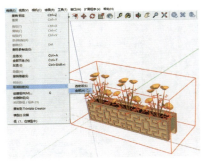

图4-75 【编辑】菜单

 若在层级群组中锁定下级小群组，则小群组仍会因为上级群组的编辑而移动或复制，只是本身的状态不会再发生变化。

4.4.3 组的编辑

当各种模型元素被纳入群组后，即成为一个整体，在组不改变的情况下，对组内的模型元素进行增加、减少、修改等单独的编辑即为组的编辑。

1. 编辑群组

选择需要编辑的组，直接双击或者右击，在右键关联菜单中选择【编辑组】选项，如图4-76所示，即可进入组的编辑状态，被激活的组以虚线外框显示，其余物体淡显，如图4-77所示。

执行【编辑】|【组】|【编辑组】命令也可进入组的编辑状态，如图4-78所示。

图4-76 选择选项

图4-77 编辑状态

图4-78 利用菜单命令编辑组

完成组的编辑后，可在群组外单击鼠标左键退出编辑状态，也可执行【编辑】|【关闭组/组件】命令，退出编辑后，组外虚线框将消失，如图4-79所示。

图4-79　退出编辑

2. 从群组中移出实体

在群组中移动物体，会将群组扩大，却不能直接将物体移出群组。因此，从群组中移出组中的模型元素需要使用剪切+粘贴的方法。

双击进入组的编辑状态，选中需要移出的玩具模型实体，按Ctrl+X组合键对选中的玩具模型进行剪切，如图4-80所示。

在组外需要放置此玩具模型的地方单击鼠标左键确定，按Ctrl+V组合键粘贴玩具模型，即可将其成功移出组外，如图4-81所示。

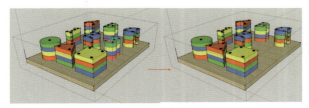 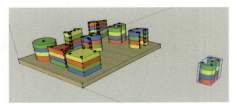

图4-80　剪切模型　　　　　　　　　图4-81　粘贴模型

3. 向群组中增加实体

在群组中，可以使用【分解】命令将群组取消，添加实体后再重新创建为组。为避免如此烦琐的操作，一般情况下使用粘贴的方式向群组中增加实体将简便许多。

选中要增加到群组中的实体，按Ctrl+C组合键复制实体，如图4-82所示。

双击组进入组的编辑状态，或者直接在组内单击鼠标左键。在群组中需要放置实体处单击鼠标左键确定，按Ctrl+V组合键即可将实体增加到群组中，如图4-83所示。

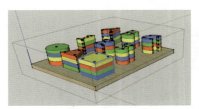 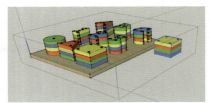

图4-82　复制模型　　　　　　　　　图4-83　粘贴模型

4. 文件间运用组件

利用SketchUp制图时，要想将之前制作的模型文件添加到正在创建的场景中，可以通过复制粘贴群组的方法，使组件在文件间应用。

5. 群组的右键关联菜单

选择群组后右击，将出现图4-84所示的关联菜单。选择命令，对模型执行相应的操作。

图4-84　群组的右键关联菜单

6. 为组赋予材质

在SketchUp中创建的物体都具有软件系统默认的材质，默认材质在【材质】面板中以▨色块显示，如图4-85所示。创建群组后，可以对组的材质进行编辑，此时组的默认材质将更新，而事先指定的材质不会受到影响，如图4-86所示。

图4-85　默认材质　　　　　　　　　　图4-86　更新默认材质

4.4.4　实例——添加植物

微课视频

下面通过实例介绍为种植池添加植物的方法。

（1）打开配套资源提供的【种植池.skp】文件，如图4-87所示。

（2）执行【文件】|【导入】命令，如图4-88所示。

图4-87　打开文件

图4-88　执行命令

（3）在【导入】对话框中选择【树木.skp】文件，如图4-89所示。

（4）单击【导入】按钮，在树池上拾取放置点，此时可以预览组件，如图4-90所示。

图4-89　选择组件　　　　　　　图4-90　拾取放置点

（5）在树池上放置树木组件的结果如图4-91所示。

SketchUp实用教程（第2版）室内·建筑·景观设计（微课版）

（6）重复操作，继续在其他树池上布置组件，如图4-92所示。

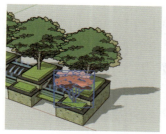

图4-91　放置组件　　　　　　　　　　图4-92　操作结果

另外一种添加植物组件的方法是，先打开组件，如图4-93所示。选择组件，按Ctrl+C组合键复制，如图4-94所示。返回【树池.skp】场景中，按Ctrl+V组合键粘贴，然后放置在合适的位置即可。

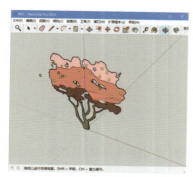
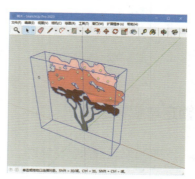

图4-93　打开组件　　　　　　　　　　图4-94　复制组件

提示

通过文件之间的【复制】和【粘贴】命令，可以很好地利用现有资源，加快制图速度。

在不同场景之间复制和粘贴物体时，为保证物体的正确性和完整性，不与其他场景中的线和面产生关联，一般需要将复制的物体创建成组。

4.5　SketchUp组件工具

组与组件类似，都是一个或多个物体的集合。组件可以是任何模型元素，也可以是整个场景模型，对尺寸和范围没有限制。

4.5.1　删除组件

组件不同于群组，组件在SketchUp中可以以文件形式存在。在制图过程中，对于不需要的组件，可以通过多种方式将其删除。

选中需要删除的组件，按Delete键即可将其删除。

然而利用这种方法删除组件后，只是在场景中不再显示该组件，在【组件】面板中仍然存在场景中使用过的组件，执行【窗口】|【默认面板】|【组件】命令调出【组件】面板，

选择不需要的组件，右击，在关联菜单中选择【删除】命令，即可将组件从场景中彻底删除，如图4-95所示。

若想快速删除场景中未使用的组件，则执行【窗口】|【模型信息】|【统计信息】命令，打开【模型信息】对话框，将范围限定在【仅限组件】，并取消勾选【显示嵌套组件】复选框，单击【清除未使用项】按钮，即可将场景中的部分组件删除，如图4-96所示。单击【修正问题】按钮可以检测场景中组件的正确性，并对其进行修正。

图4-95　删除组件

图4-96　【模型信息】对话框

4.5.2　锁定与解锁组件

组件与群组同样可以进行锁定与解锁，但是由于组件具有群组没有的关联性，相同名称的组件中一个被锁定后，其余多个组件也将被锁定。锁定后的组件不能执行任何编辑、修改和删除的命令，如移动、旋转等。同样的，对一个组件解锁后，其余相同名称的组件也将被解锁。

组件的锁定与组的锁定类似，如图4-97所示，这里就不重复讲解了。

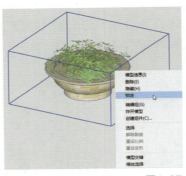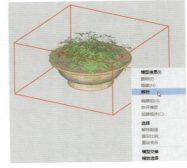
图4-97　锁定组件

4.5.3　实例——锁定车辆模型

微课视频

下面通过实例介绍锁定组件的独特性。

（1）打开配套资源中的【锁定组件停车位.skp】文件，场景中的自行车为预设组件，如图4-98所示。

（2）选中一辆自行车，右击，在关联菜单中选择【锁定】选项，此时自行车组件外框由蓝色变为红色，如图4-99所示。

图4-98　选择组件

图4-99　锁定组件

（3）单击另一辆自行车，弹出提示对话框，单击【设定为唯一】按钮，进入编辑状态进行独立编辑，如图4-100所示。

图4-100　独立编辑组件

出现实例中的情况是因为组件之间具有群组之间不具备的关联性，在对一个组件进行操作时，其余相同名称的组件将得到相应的操作变化。

【全部解锁】：单击后，场景中已有的锁定全部被解锁，方便对所有组件进行编辑，并保持组件的关联性。

【设定为唯一】：单击后，将单独编辑当前双击的组件，且其与其他组件之间的关联性消失。

选中需要解锁的组件，执行【编辑】|【取消锁定】|【选定项/全部】命令（选择【选定项】选项将解锁当前场景中选择的组件，选择【全部】选项将解锁场景中所有被锁定的组件），如图4-101所示，或者在选中组件后右击，在关联菜单中选择【解锁】选项，如图4-102所示。

图4-101　【编辑】菜单

图4-102　右键关联菜单

锁定与解锁操作只有在组与组件上才能操作，单个物体或面只有制作成组或组件后才能执行此类操作。

4.5.4 编辑组件

制作组件后，组件中的模型元素将与场景中的其他物体分离。在SketchUp中可以对组件进行编辑，除了常用的双击鼠标进入编辑状态的方法，还有其他多种方法。本小节将对组件编辑的其余方法和组件的特性进行讲解。

组件的右键关联菜单中有多项与群组的相似，如图4-103所示，故只对常见命令进行讲解。

【设定为唯一】：由于相同名称的组件具有关联性，但是有时候只需要对其中一个或几个进行编辑，此时就需要选择【设定为唯一】命令，单独编辑需要编辑的组件，同时不会影响其他相同名称的组件。

【更改轴】：用于重新设置组件坐标轴。

图4-103　右键关联菜单

【重设比例/重设变形/缩放定义】：组件的缩放与普通物体的缩放有所不同。直接对一个组件进行缩放，不会影响其他组件的比例大小；而进入组件内部再进行缩放，则会改变所有相关联的组件。对组件进行缩放后，组件将会倾斜变形，此时执行【重设比例】或【重设变形】即可恢复组件原形。

在SketchUp场景中，对组件物体进行单独编辑时，可以同时编辑场景中所有其他相同名称的组件，这就是组件特殊的关联性。

4.5.5 实例——创建吊灯

下面通过实例介绍利用组件关联性创建吊灯的方法。

（1）打开配套资源中的【吊灯.skp】文件，吊灯的灯头为独立同名称组件，如图4-104所示。

（2）双击一个灯头组件进入组件的编辑状态，组件外框以虚线显示，吊灯其余部分淡显，如图4-105所示。

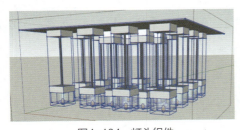

图4-104　灯头组件

图4-105　灯头编辑状态

（3）用【选择】工具 选择灯头座上多余的线段，按Delete键删除，此时所有灯头座上的多余线段都被删除，如图4-106所示。

（4）激活【圆弧】工具 ，在正方体灯头座上绘制出一条圆弧，如图4-107所示，此时其余灯头座上皆出现一段圆弧。

（5）用【选择】工具 选择灯头座顶面，激活【跟随路径】工具 ，单击圆弧面，此时灯头座顶面随圆弧路径变形，如图4-108所示，其余灯头组件都发生相应改变。

（6）激活【颜料桶】工具 ，为灯头座赋予材质，如图4-109所示，其余灯头组件皆发生相应变化。

（7）利用组件的关联性，使用【颜料桶】工具🎨为灯头顶部赋予材质，吊灯细节修饰效果如图4-110所示。

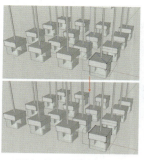
图4-106　删除多余线

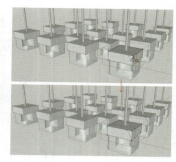
图4-107　绘制圆弧

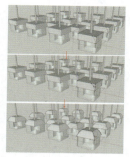
图4-108　做出弧形花样

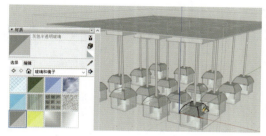
图4-109　赋予材质

图4-110　细节修饰

4.5.6　实例——替代树木类型

微课视频

下面通过实例介绍组件的替代性。

（1）打开配套资源中的【街道.skp】文件，如图4-111所示。

（2）选择一棵落叶树，右击，在右键关联菜单中选择【创建组件】选项，如图4-112所示。在【创建组件】对话框中将其命名为【冬季落叶树】，将黏接至改为【所有】，勾选【切割开口】和【用组件替换选择内容】复选框，单击【创建】按钮，如图4-113所示。

图4-111　打开文件

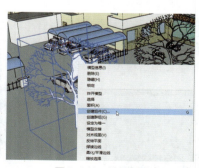
图4-112　选择树种

图4-113　创建组件

（3）在场景中选择另一树种白杨树，右击，在右键关联菜单中选择【创建组件】选项，如图4-114所示。在弹出的【创建组件】对话框中将名称设置为【冬季落叶树】，单击【创建】按钮，弹出图4-115所示的提示对话框。

（4）在提示框中单击【是】按钮，场景中所有事先被命名为【冬季落叶树】的树种全部被白杨树代替，如图4-116所示。

图4-114 创建另一个组件

图4-115 提示对话框

图4-116 组件替代

技巧：组件的整体替代性可以在SketchUp场景中以新物体完全替代旧物体，同时保持组件的关联性，仍可以对其进行进一步的编辑和修改。因此在草图阶段，可以用一个大概形体确定物体位置，在深化图纸时再利用组件的编辑功能和特性进行细化。

4.5.7 插入组件

在SketchUp中主要有两种插入组件的方法：通过【组件】描边插入和执行【文件】|【导入】命令插入。将事先制作好的组件插入正在创建的场景模型中，可以起到事半功倍的效果。

执行【窗口】|【默认面板】|【组件】命令，弹出图4-117所示的【组件】面板。【组件】面板常用于插入预设的组件，它提供了SketchUp组件库的目录列表。从中选择一个组件，即可在绘图窗口中放置该组件。

图4-117 【组件】面板

4.6 案例演练——创建标记管理新增模型

在场景中新增模型后，创建标记管理新增模型，如打开、关闭、移动和删除等，方便用户进行后续的绘图、编辑操作。

（1）打开配套资源提供的【现代客厅.skp】文件，如图4-118所示。

（2）在墙面上新增装饰画模型，如图4-119所示。

图4-118 打开文件

图4-119 新增模型

（3）在【标记】面板中单击【添加标记】按钮⊕，重命名新标记为【装饰画】，如图4-120所示。

（4）在工具栏上右击，在弹出的列表中选择【标记】选项，打开【标记】工具栏。

（5）选择装饰画，在【标记】工具栏中单击展开标记列表，在其中选择【装饰画】标记，如图4-121所示，即可将模型移动至【装饰画】标记。

图4-120　新建标记　　　　　　图4-121　将模型移动至标记

4.7 提升练习——在群组中删除模型

打开模型后，双击进入编辑群组状态。选择要删除的模型右击，在弹出的快捷菜单中选择【删除】选项，即可将选中的模型删除，如图4-122所示。在虚线框外单击退出群组，结束操作。

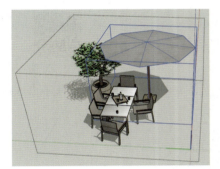

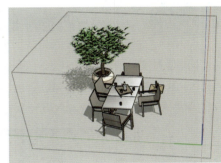

图4-122　在群组中删除模型

4.8 温故知新——独立编辑桌椅模型

如果不希望编辑组件的结果影响其他模型，则可以将其【设定为唯一】。选择椅子右击，在弹出的快捷菜单中选择【设定为唯一】选项，双击进入组件的编辑状态执行修改操作，如图4-123所示，操作结果只影响被编辑的椅子。

图4-123　独立编辑椅子

所谓SketchUp插件，不外乎为设计师或者编程者根据自身专业和工作需要设计开发的相应扩展工具。在制作一些较为复杂的模型时，仅仅使用SketchUp软件本身的作图工具会使得作图过程过于烦琐，这时如果有插件工具，就会起到事半功倍的效果。插件更人性化、专业化、个性化，但也更具有局限性。

本章将介绍在SketchUp中应用较多的SUAPP插件。SUAPP插件不仅是一款强大的工具集，极大程度上提高了SketchUp的建模能力，而且拥有独立的工具集和右键扩展菜单，使操作更加顺畅方便。

5.1 SUAPP插件的安装

微课视频

下面通过实例介绍安装SUAPP插件的方法。

（1）选择配套资源提供的SUAPP软件安装程序图标，右击，在弹出的快捷菜单中选择【以管理员身份运行】选项，如图5-1所示。

图5-1 开始安装

（2）稍后弹出安装对话框，单击右下角的 图标，自定义安装路径。单击【安装】按钮，如图5-2所示，系统开始进行安装。

（3）安装完成后弹出图5-3所示的对话框，系统已经自动匹配计算机中的SketchUp版本。

图5-2 定义安装目标文件位置　　　　图5-3 安装完成

提示 在设置安装目录时，需要输入英文名称，否则系统不予识别。

（4）单击【云端模式】按钮，在弹出的列表中选择【离线模式】，如图5-4所示，保证用户在离线模式下也能使用SUAPP插件。

（5）单击右下角的【启动SUAPP】按钮，启动SketchUp程序，可以看到工作界面中已经显示SUAPP的工具栏，如图5-5所示。

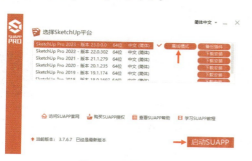

图5-4　选择模式

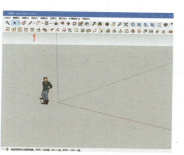

图5-5　完成安装

5.2 SUAPP插件基本工具

插件安装完成后，再次启动SketchUp软件，此时界面中出现SUAPP插件工具栏，如图5-6所示。工具栏集合了最具有代表性的、使用较为频繁的工具。

图5-6　SUAPP工具栏

SUAPP插件的其余功能都整理在【扩展程序】菜单中，单击即可调用，如图5-7所示。该菜单包含子菜单，将工具分门别类地收集其中，方便用户选用，如图5-8所示。

图5-7　插件菜单

图5-8　子菜单

由于插件较多，只在SketchUp建模的应用中选取SUAPP插件工具的部分功能进行简单讲解。对于其余插件，感兴趣的读者可以进一步探索。

5.2.1 镜像物体

【镜像物体】插件⚠可以通过对称点、线、面来镜像物体，可用于组、组中组及组件中的

117

组件，如图5-9所示。SketchUp中的【比例】工具 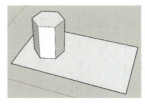 也可以对物体进行镜像，但是不如【镜像物体】插件操作方便。

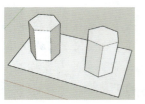

图5-9 镜像物体

5.2.2 实例——创建廊架

下面通过实例介绍利用镜像物体插件创建廊架的方法。

（1）打开配套资源提供的【廊架.skp】文件，如图5-10所示。

（2）按住Ctrl键选择柱子和坐凳，如图5-11所示。

（3）选择【镜像物体】插件 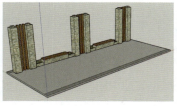，指定镜像线的第一点，如图5-12所示。

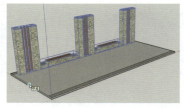

图5-10 打开文件　　　　　　　图5-11 选择模型　　　　　　　图5-12 指定第一点

（4）移动光标，指定镜像线的第二点，如图5-13所示。

（5）向上移动光标，指定镜像线的第三点，如图5-14所示。

（6）系统弹出提示对话框，单击【否】按钮，如图5-15所示，保留源对象。

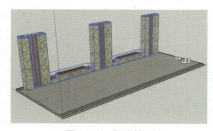
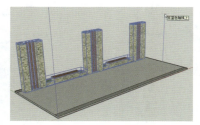

图5-13 指定第二点　　　　　　图5-14 指定第三点　　　　　　图5-15 提示对话框

（7）镜像复制的结果如图5-16所示。

（8）添加廊架顶面，打开【阴影】效果，最终效果如图5-17所示。

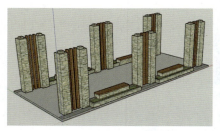
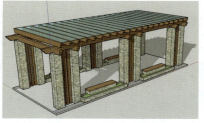

图5-16 镜像复制　　　　　　　　　图5-17 最终效果

5.2.3 生成面域

【生成面域】插件主要用于将所有闭合的区域自动生成面域,在导入AutoCAD图纸时应用得比较多,如图5-18所示。

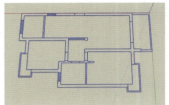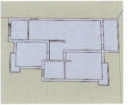

图5-18 生成面域

5.2.4 实例——生成面域

下面通过实例介绍使用生成面域插件进行封面的方法。

(1)执行【文件】|【导入】命令,选择配套资源提供的【CAD图纸.dwg】文件,如图5-19所示。

(2)单击【选项】按钮,在打开的对话框中设置参数,如图5-20所示。

图5-19 选择图纸　　　　　　　　图5-20 设置参数

(3)单击【好】按钮,返回【导入】对话框,单击【导入】按钮,导入图纸的效果如图5-21所示。

(4)选择图纸,右击,在关联菜单中选择【炸开模型】选项,将图纸解组。

(5)执行【扩展程序】|【线面工具】|【生成面域】命令,稍等片刻,打开提示对话框,提醒用户已完成封面,如图5-22所示。

(6)单击【确定】按钮,查看封面效果,如图5-23所示。

图5-21 导入图纸　　　　　图5-22 提示对话框　　　　　图5-23 生成面域

（7）保持图形的选择状态不变，右击，在关联菜单中选择【选择】|【反选】命令，如图5-24所示。

（8）选择面，如图5-25所示。

（9）右击，在关联菜单中选择【反转平面】命令，结果如图5-26所示。

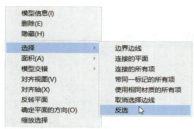

图5-24　选择命令

图5-25　选择面

图5-26　反转平面

 提示　在对较为复杂的模型使用【生成面域】插件⬜时，生成时间较长，而且并不一定可以封合每一个面，这是插件的局限之处。不过即使如此，这款插件也为封面的工作提供了很大的方便。

5.2.5　拉线成面

【拉线成面】插件⬆主要用于将线段沿指定方向拉伸指定高度的面，如图5-27所示。【拉线成面】插件在很多情况下用于创建曲线面。

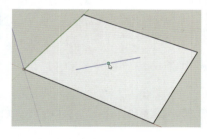

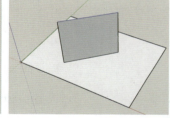

图5-27　拉线成面

5.2.6　实例——墙体开窗户

微课视频

下面通过实例介绍利用拉线成面插件创建飘窗的方法。

（1）激活【矩形】工具▱，在场景中绘制一个1800mm×4300mm的矩形，并使用【推/拉】工具◆将其向上推拉出1740mm的高度，绘制长方体如图5-28所示。

（2）选择【卷尺】工具🔖，拾取模型底边向上拖动光标，输入距离100，创建参考线如图5-29所示。

（3）激活【直线】工具✏️，在参考线的位置绘制直线，如图5-30所示。

（4）执行【扩展程序】|【门窗构件】|【墙体开窗】命令，在弹出的【参数设置】对话框中设置窗户的相关参数，单击【好】按钮确认，如图5-31所示。

（5）此时设定好参数的窗户跟随光标移动，拾取端点放置窗户，如图5-32所示。

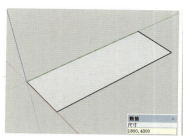

图5-28　绘制长方体

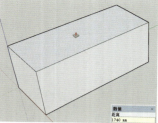

图5-29　创建参考线

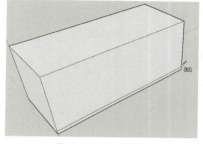

图5-30　绘制直线

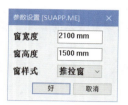

图5-31　参数设置

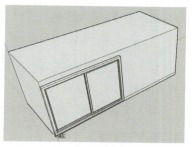

图5-32　放置窗户

（6）重复上述操作，继续放置尺寸相同的窗户，如图5-33所示。

（7）激活【直线】工具 ✎，在模型侧面绘制直线，如图5-34所示。

（8）执行【扩展程序】|【门窗构件】|【墙体开窗】命令，弹出【参数设置】对话框，设置窗户的相关参数，单击【好】按钮确认，如图5-35所示。

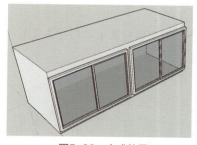

图5-33　完成放置

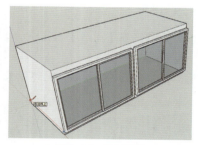

图5-34　绘制直线

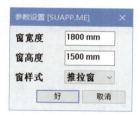

图5-35　参数设置

（9）在模型侧面拾取端点，放置窗户后墙体自动开窗洞，效果如图5-36所示。

（10）重复操作，继续在模型的另一侧面放置窗户，效果如图5-37所示。

（11）使用【环绕观察】工具 ✤ 旋转视图，删除模型的背面，如图5-38所示。

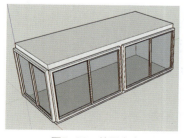

图5-36　放置窗户

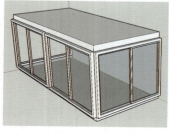

图5-37　操作效果

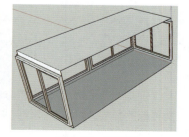

图5-38　删除面

提示　　　删除背面是为了方便创建窗帘。

（12）使用【手绘线】工具在底面绘制波浪线，如图5-39所示。

（13）激活【拉线成面】插件，选择波浪线，向上移动光标，输入1740作为窗帘的高度，拉线成面，如图5-40所示。

图5-39　绘制波浪线

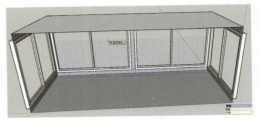
图5-40　拉线成面

（14）按Enter键确认，此时系统弹出提示对话框，根据需要依次单击【否】【是】按钮，创建窗帘的效果如图5-41所示。

（15）重复操作，继续为侧面的窗户创建窗帘，如图5-42所示。

图5-41　绘制窗帘

图5-42　操作结果

（16）选择【颜料桶】工具，在【材质】面板中的【窗帘】下拉列表中选择【灰色竖条纹百叶窗】材质，如图5-43所示。

（17）为窗帘赋予材质，打开【阴影】效果，最终效果如图5-44所示。

图5-43　选择材质

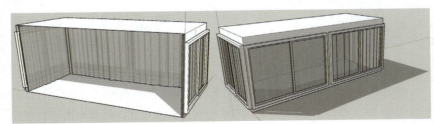
图5-44　最终效果

5.3　案例演练——添加扶手

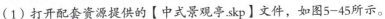

使用【线转栏杆】插件，可以在直线的基础上轻松生成栏杆。定义栏杆的参数，可以将创建结果应用至各种场景。本节介绍操作方法。

（1）打开配套资源提供的【中式景观亭.skp】文件，如图5-45所示。

（2）选择【卷尺】工具，输入距离250，拾取景观亭地面边线向内拖动光标指定方向，创建参考线的效果，如图5-46所示。

（3）激活【直线】工具，根据参考线绘制线段，如图5-47所示。

图5-45　打开文件

图5-46　创建参考线

图5-47　绘制线段

（4）选择线段，如图5-48所示。

（5）执行【扩展程序】|【建筑设施】|【线转栏杆】命令，在弹出的对话框中设置参数，如图5-49所示。单击【好】按钮，继续进行设置。

（6）在稍后弹出的对话框中继续设置扶手及立柱参数，如图5-50所示。

图5-48　选择线段

图5-49　设置参数1

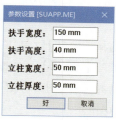

图5-50　设置参数2

（7）单击【好】按钮，系统根据设置的参数生成栏杆，如图5-51所示。

（8）重复上述操作，再次激活【线转栏杆】插件，在直线的基础上生成栏杆，结果如图5-52所示。

图5-51　生成栏杆

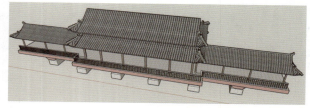

图5-52　操作结果

提示

如果选择全部直线后再激活【线转栏杆】插件，则操作结果容易出错，如扶手丢失、栏杆错位等，所以这里采用逐一选择直线生成栏杆的方法。

（9）观察生成结果，发现栏杆在拐角处出现错误，如图5-53所示。

（10）选择多余立柱的线面，如图5-54所示。

（11）按Delete键删除立柱，效果如图5-55所示。

图5-53　出现错误

图5-54　选择多余立柱的线面

图5-55　删除结果

（12）选择【直线】工具 ✏️，绘制线段补齐扶手平面，如图5-56所示。

（13）选择【推/拉】工具 ◆，选择面向下推拉，拾取扶手底边，校定推拉厚度，效果如图5-57所示。

（14）激活【删除】工具 🧹，删除多余的线段，整理结果如图5-58所示。

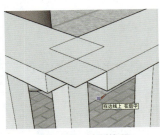

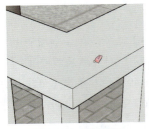

| 图5-56　绘制线段 | 图5-57　推拉效果 | 图5-58　删除线段 |

（15）选择【矩形】工具 ▱，输入尺寸绘制矩形，并将矩形创建成组件，如图5-59所示。

（16）激活【推/拉】工具 ◆，输入距离，选择矩形向上推拉，效果如图5-60所示。

（17）选择【卷尺】工具 🔍，拾取矩形顶边，依次输入距离35、25、100、25，创建参考线，如图5-61所示。

（18）激活【直线】工具 ✏️，绘制线段，如图5-62所示。

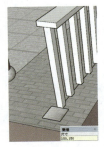

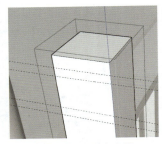
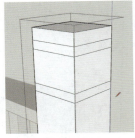

| 图5-59　绘制矩形 | 图5-60　向上推拉 | 图5-61　创建参考线 | 图5-62　绘制线段 |

（19）激活【推/拉】工具 ◆，输入距离，选择面向外推拉，效果如图5-63所示。

（20）立柱的绘制效果如图5-64所示。

（21）激活【颜料桶】工具 🎨，在【材质】面板中单击【吸管】按钮 💧，吸取景观亭的材质，如图5-65所示。

（22）吸取材质后，光标转换为【颜料桶】图标 🎨，为栏杆赋予材质，效果如图5-66所示。

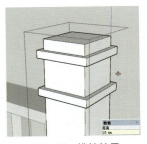
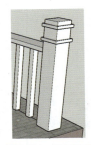

| 图5-63　推拉结果 | 图5-64　绘制效果 | 图5-65　吸取材质 | 图5-66　赋予材质 |

（23）选择【直线】工具 ✏️，拾取景观亭地面边线的中点，向内拖动光标绘制直线，如图5-67所示。

（24）激活【镜像】工具 🔲，选择创建完毕的栏杆，单击选择绿色面，如图5-68所示。

（25）按住Ctrl键向左移动光标，将绿色面定位在辅助线之上，如图5-69所示。

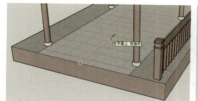

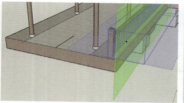

图5-67　绘制直线　　　　　　　　图5-68　选择绿色面　　　　　　　　图5-69　移动绿色面

（26）向另一侧镜像复制栏杆的效果如图5-70所示。

（27）打开【阴影】效果，最终效果如图5-71所示。

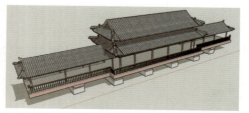

图5-70　复制栏杆　　　　　　　　　　　　　　图5-71　最终效果

5.4 提升练习——创建屋顶

选择顶面，执行【扩展程序】|【房间屋顶】|【生成屋顶】|【坡屋顶】命令，打开【参数设置】对话框。设置参数后单击【好】按钮，即可在选定顶面的基础上生成坡屋顶。操作过程如图5-72所示。

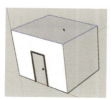

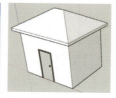

图5-72　生成坡屋顶

5.5 温故知新——生成墙体

使用【拉线生墙】插件，可以在线的基础上生成墙体。用户指定墙体的高度，系统根据选定的轮廓线进行创作。但是创作出来的墙体顶部不是闭合状态，需要用户手动封闭。图5-73为操作过程。

图5-73　生成墙体

第6章 | SketchUp 材质与贴图

SketchUp的材质库中拥有十分丰富的材质资源，其材质属性包括名称、颜色、透明度、纹理贴图和尺寸大小等。这些材质可以应用于边线、表面、文字、剖面、组和组件。

应用材质后，该材质就被添加到【在模型中】材质列表。这个列表中的材质会和模型一起保存在SKP文件中，这是SketchUp最大的优势之一。本章将学习SketchUp材质和贴图功能的应用，包括提取材质、填充材质、创建材质和贴图技巧等。

6.1 SketchUp材质

SketchUp利用【材质】面板来为对象赋予材质。【材质】面板用于从材质库中选择材质，也可以编辑材质参数。用户可以选择系统提供的贴图，也可以调入外部贴图，设置颜色、尺寸等参数后赋予指定的对象。

6.1.1 默认材质

在SketchUp中创建的物体一开始就被自动赋予了系统默认材质，如图6-1所示。默认材质使用的是双面材质，一个表面的正反两面的默认材质显示颜色不同。默认材质的两面性让人更容易分清表面的正反面朝向，方便在将模型导出到其他建模软件时调整表面的法线方向。

执行【窗口】|【默认面板】|【样式】命令，在弹出的【样式】面板中选择【编辑】选项卡，单击【平面设置】按钮 🔲，如图6-2所示，在【选择颜色】对话框中设置正面与背面颜色，如图6-3所示。

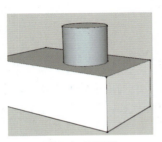

图6-1 正反面

图6-2 平面设置

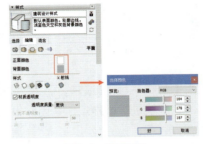

图6-3 调节颜色

6.1.2 【材质】面板

激活【颜料桶】工具 🎨，或者执行【窗口】|【默认面板】|【材质】命令，都可以打开【材

质】面板，如图6-4所示。

【材质】面板用于在材质库中选择和管理材质，也可以浏览当前模型中的材质。【材质】面板可以游离或吸附于绘图窗口的任意位置，不会占用视图过多位置。

【点开开始使用这种颜料绘图】◣：位于【材质】面板左上角，用于显示当前使用的材质，在右侧的文本框中可以设置当前材质的名称，如图6-5所示。

【显示辅助选择窗格】按钮▼ ▶：用于在当前【编辑】选项卡下增加一个选择窗口，这样可以进行多项选择，如图6-6所示。

【创建材质】按钮▣：单击可弹出图6-7所示的【创建材质】对话框，可以对材质的名称、颜色、大小等属性进行设置。

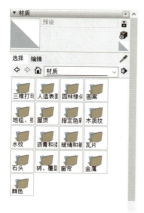

图6-4　材质面板　　图6-5　当前材质及其名称设置

图6-6　辅助选择窗口

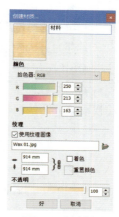

图6-7　创建材质

【将绘图材质设置为预设】按钮◣：单击可将当前材质更换为系统预设材质。

1.【选择】选项卡

【选择】选项卡主要用于浏览、提取材质，如图6-8所示。

【后退、前进】按钮◆ ◇：用于在浏览材质库时前进或后退一步操作。

【在模型中】按钮⌂：单击后下拉列表中将显示当前场景中的材质，被赋予模型的材质右下角带有一个小三角形，没有小三角形的材质表示曾经在场景中创建过，但是当前没有在模型中使用，如图6-9所示。

【样本颜料】按钮✎：单击该按钮可从场景中提取材质，并将其设置为当前材质。

【详细信息】按钮⟱：单击该按钮可弹出图6-10所示的下拉列表，包含了一些材质路径命令，用于选择模型中的或SketchUp自带的材质库。

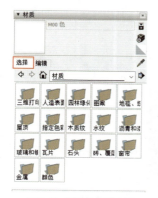

图6-8　【选择】选项卡

图6-9　在模型中

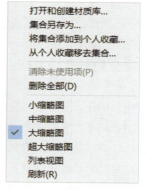

图6-10　【详细信息】下拉列表

打开和创建材质库：用于载入一个已经存在的文件夹或创建一个文件夹到【材质】面板中。

 提示 单击此选项后弹出的对话框中不能显示文件，只能显示文件夹。

将集合添加到个人收藏：用于将选择的文件夹添加到收藏夹中。

从个人收藏移去集合：用于将选择的文件夹从收藏夹移到其他地方。

小缩略图/中缩略图/大缩略图/超大缩略图：用于调整材质图标显示的大小。

列表视图：用于将材质图标以列表形式显示。

右键关联菜单：选择一种材质右击，会出现与之相关联的右键关联菜单。

删除：选择该选项可将选中的材质从【在模型中】材质库中删除。

另存为：选择该选项可将选中的材质存储为其他材质库。

输出纹理图像：选择该选项可将选中的纹理图像存储为图片形式。

编辑纹理图像：若在【使用偏好】中设置过默认的图像编辑软件，则选择此选项后系统将自动打开图像编辑器软件对选中的材质贴图进行编辑。

提示 可执行【窗口】|【系统设置】|命令，在打开的对话框中选择【应用程序】选项卡，在其中设置默认图像编辑器，如图6-11所示。一般默认的图像编辑器为Photoshop软件。

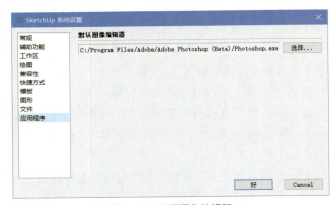

图6-11　设置图像编辑器

面积：选择该选项，系统将准确、快速地计算出模型中所有赋予此材质的表面的面积之和。

选择：选择该选项，可在场景中选中赋予此材质的表面。

2.【编辑】选项卡

该选项卡主要用于对场景中赋予的材质进行编辑，包括颜色、纹理、不透明度等，如图6-12所示。

【颜色】：用于重定义材质的颜色。

【纹理】：用于设置贴图的大小和长度比例。

SketchUp中的贴图都是连续重复的长方形贴图单元，贴图的长宽比都是默认为锁定状态的，若要对贴图的长宽比例进行调整，则需要先解锁，如图6-13所示。

【不透明】：用于设置贴图的透明度。

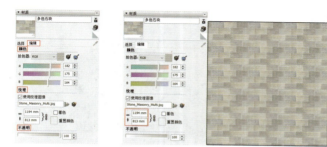

图6-12　编辑面板　　　　　　　　　　　　图6-13　设置纹理

6.1.3　填充材质

【颜料桶】工具 用于给模型中的实体赋予材质，可以给单个元素上色，也可以填充一组相连的表面，还可以置换模型中的某种材质。通过对辅助键的运用，【颜料桶】工具 可以快速、精确地同时为多个表面分配材质。

6.1.4　实例——为躺椅填充材质

微课视频

下面通过实例介绍利用【颜料桶】工具 为躺椅填充材质的方法。

（1）打开配套资源提供的【躺椅.skp】文件，如图6-14所示。

（2）在【材质】面板中的【地毯、织物、皮革、纺织品和墙纸】列表中选择【蓝色皮革】材质，如图6-15所示。

图6-14　打开文件　　　　　图6-15　选择材质

（3）为躺椅赋予材质，如图6-16所示。

（4）切换至【编辑】选项卡，修改材质尺寸，材质显示效果更加细腻，如图6-17所示。

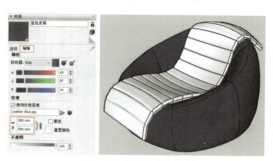

图6-16　赋予材质　　　　　图6-17　修改材质尺寸

（5）在【材质】面板中选择【亚麻织物】材质，如图6-18所示。

（6）为躺椅的上部分赋予材质，如图6-19所示。

（7）打开【阴影】效果，最终效果如图6-20所示。

图6-18　选择材质

图6-19　赋予材质

图6-20　最终效果

6.2 色彩取样器

激活【颜料桶】工具，弹出【材质】面板，在其中对【颜色】进行相关设置，主要包括颜色的【拾取】【重置颜色】【匹配模型中对象的颜色】和【匹配屏幕上的颜色】。

【拾色器】：在SketchUp中，可以选择四种颜色系统：色轮、HLS、RGB和HSB。

色轮：可以从色轮上选择任意一种所需颜色，或者在色轮上单击，然后沿色轮拖曳光标，快速浏览许多不同的颜色。此时在【材质】面板的左上角窗口可以动态预览所选颜色，如图6-21所示。

HLS：分别代表色相、亮度和饱和度，用于从灰度级颜色中取色，如图6-22所示。

HSB：分别代表色彩、饱和度和亮度，如图6-23所示。HSB提供一个更加直观的颜色模型，可以先用其他的颜色吸取器得到一个大致的颜色，然后在HSB中得到一个精确的颜色。

RGB：分别代表红色、绿色和蓝色，如图6-24所示。RGB 颜色是计算机屏幕上最传统的颜色，代表人类眼睛所能看到的最接近的颜色。RGB有一个很宽的颜色范围，是SketchUp最有效的颜色吸取器。

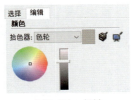
图6-21　色轮

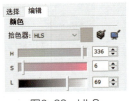
图6-22　HLS

图6-23　HSB

图6-24　RGB

【重置颜色】：若对选定的颜色进行调节后不满意，则可以单击此选项对修改后的颜色进行还原处理。

【匹配模型中对象的颜色】：单击后可从模型中取样。

【匹配屏幕上的颜色】：单击后可从屏幕中取样。

6.3 透明材质

SketchUp中的材质可以设置0～100%的不透明度，给表面赋予透明材质可以使之变得透明。

SketchUp的任何材质都可以在【材质】面板中设置不透明度。材质的透明属性的全局显示控制在参数设置对话框的【渲染】标签中。

【产生投影】：表面要么产生整个面的投影，要么完全不产生投影，不可能产生表面一部分的投影。SketchUp通过一个临界值来决定一个表面是否产生投影，不透明度为70%以上的表面可以产生投影，70%以下的不产生投影。

【接受投影】：只有完全不透明，即不透明度为100%的表面才能接受投影。任何材质透明等级的表面都不能接受投影。

图6-25～图6-28为不同透明度下的显示效果。

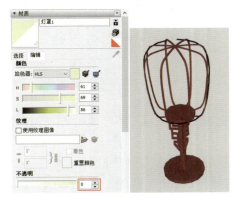

图6-25　不透明度为0

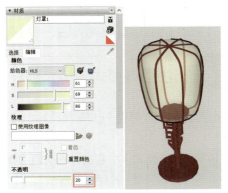

图6-26　不透明度为20

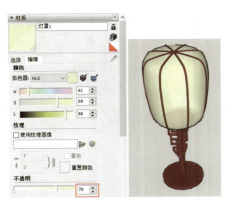

图6-27　不透明度为70

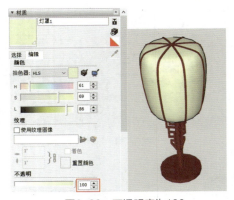

图6-28　不透明度为100

 提示

SketchUp的阴影设计为每秒渲染若干次，因此基本上无法提供照片级的真实阴影效果，透明效果也一样。有些光源作用于阴影和透明的效果在SketchUp的某些模型中可能不能准确显示。SketchUp的透明显示系统是实时运算显示的，有时候透明表面的显示会失真。

6.4. 贴图坐标

SketchUp中的贴图应用为平铺图像，即在上色时，图案或者图形可以垂直或者水平地应用于任何实体。SketchUp的贴图坐标主要包括两种模式：【锁定图钉模式】和【自由图钉模式】。另外，贴图坐标可以在图像上进行独特的操作，例如，将一幅画上色于某个角落或者在一个模型上着色。贴图坐标能有效运用于平面。例如，不能将整个材质赋予一个曲面，但是可以显示隐藏几何体，然后将材质分别赋给组成曲面的面。

6.4.1　锁定图钉模式

选择贴图，进入编辑模式，此时显示四个图钉。激活其中一个图钉，如【移动】图钉，可以调整贴图的位置。其他三个图钉分别是【变形】图钉，可以对贴图执行平行四边形的变形操作，【旋转/缩放】图钉可以对贴图以任意角度按比例缩放和旋转，【扭曲】图钉，可将贴图进行梯形变形操作，创造透视效果。

6.4.2　自由图钉模式

自由图钉模式主要用于设置和消除照片的扭曲状态。在自由图钉模式下，图钉之间不互相限制。

在【锁定图钉模式】中右击，在关联菜单中取消选择【固定图钉】选项，如图6-29所示。单击选中图钉，可以将图钉移动到贴图的不同位置，如图6-30所示。这个新的位置将是应用所有锁定图钉模式的起点。此操作在锁定图钉模式和自由图钉模式中都支持。

图6-29　取消固定图钉　　　　　　　　　　图6-30　拖动贴图

6.4.3　实例——调整纹理图案

本实例介绍调整墙纸纹理图案的方法。

（1）打开配套资源提供的【墙体.spk】文件，如图6-31所示。

（2）激活【颜料桶】工具，在【材质】面板中的【地毯、织物、皮革、纺织品和墙纸】列表中选择【橄榄色菱形地毯】材质，为墙面赋予材质，如图6-32所示。

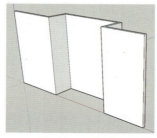

图6-31　打开文件　　　　　　　　　　图6-32　赋予材质

SketchUp实用教程（第2版）室内·建筑·景观设计（微课版）

提示 本实例选择【橄榄色菱形地毯】材质，是因为材质中的菱形能更好地说明纹理调整的过程与结果。通常情况下，地毯材质会被赋予地毯模型。建模时，设计师为了观察不同材质的铺贴效果，常会忽略材质的类型。

（3）在【编辑】选项卡中重新定义材质的尺寸，调整效果如图6-33所示。

（4）选择材质，右击，在关联菜单中选择【纹理】|【位置】选项，进入编辑模式，调整纹理的位置，单击鼠标右键选择【完成】选项，如图6-34所示。

图6-33　修改尺寸

图6-34　调整纹理

（5）激活【颜料桶】工具，按住Alt键吸取材质，为相邻墙面赋予材质，此时菱形图案完整结合，如图6-35所示。

（6）重复上述操作，继续为其他墙面赋予材质，转换视图角度观察铺贴效果，如图6-36所示。

图6-35　吸取材质赋予相邻墙面

图6-36　铺贴效果

6.4.4　贴图技巧

在SketchUp中使用普通填充方法为模型赋予材质会产生许多不尽如人意的效果，如贴图破碎、连接性弱、比例难以控制等。为解决这些问题，可借助辅助键、贴图坐标等对贴图进行调整。贴图技巧主要包括转角贴图、贴图坐标和隐藏几何体、曲面贴图与投影贴图等。

6.4.5　转角贴图

在对室内外墙纸赋予材质时，转角处常因为垂直面贴图而被包裹在角落，就像包一个包裹一样，如图6-37所示。

图6-37 转角贴图

6.4.6 实例——创建魔盒

下面通过实例介绍利用转角贴图创建魔盒的方法。

（1）打开配套资源中的【转角贴图盒子.skp】文件，如图6-38所示。

（2）执行【窗口】|【默认面板】|【材质】命令，在弹出的【材质】面板中单击【创建材质】按钮，在【创建材质】对话框中单击文件夹按钮，选择导入配套资源文件中的【转角贴图magic.jpg】图像文件，如图6-39所示。

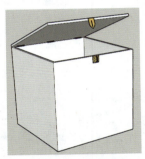

图6-38 打开模型

图6-39 选择贴图

（3）设置贴图的宽度、高度，如图6-40所示。单击【好】按钮，完成材质的创建。

（4）单击新材质，为几何体的一个面赋予材质，如图6-41所示。

图6-40 设置参数

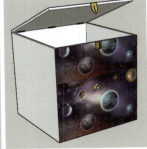

图6-41 赋予材质

（5）在赋予材质的面上右击，选择【纹理】|【位置】选项，如图6-42所示，对贴图材质的位置进行编辑。

（6）此时最好将贴图中的球体设置在转角处，使效果更明显，如图6-43所示，然后选择【完成】选项退出编辑。

SketchUp实用教程（第2版）室内·建筑·景观设计（微课版）

图6-42 选择选项

图6-43 编辑贴图

（7）激活【颜料桶】工具 ，按住Alt键，此时光标变为吸管形状，如图6-44所示。单击贴图，然后放开Alt键，在其他角落构成面上单击鼠标左键，贴图将无缝包裹整个角落，如图6-45所示。

提示 若不借助Alt键为角落赋予材质，则将出现图6-46所示的贴图不完整的情况。

图6-44 赋予材质

图6-45 操作效果

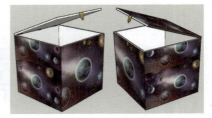

图6-46 不完整贴图

6.4.7 贴图坐标和隐藏几何体

为几何体赋予材质贴图后，可以通过贴图坐标和隐藏几何体的方法调整贴图比例，将贴图完整地包裹住几何体。图6-47中右侧几何体为使用贴图坐标和隐藏几何体技巧贴图的效果。

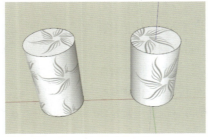

图6-47 调整贴图比例

6.4.8 实例——创建笔筒花纹

微课视频

下面通过实例介绍使用贴图坐标和隐藏几何体技巧创建笔筒花纹的方法。

（1）打开配套资源中的【贴图坐标笔筒.skp】文件，如图6-48所示。选择导入配套资源

文件中的【曲面贴图孔雀.jpg】图像文件，并设置其宽高度，为笔筒模型赋予材质，如图6-49
所示。

（2）执行【视图】|【隐藏物体】命令，此时几何体如图6-50所示。

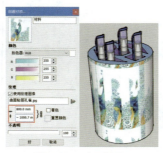

图6-48　打开文件　　　　　　图6-49　赋予材质　　　　　　图6-50　隐藏物体

（3）选择几何体的一个面，右击，在关联菜单中选择【纹理】|【位置】选项，如图6-51
所示，对贴图进行编辑，使贴图完全覆盖几何体，如图6-52所示。

（4）激活【颜料桶】工具🎨，在其中一个面上按住Alt键单击，此时光标变为吸管形状🖊，
如图6-53所示。然后放开Alt键，在其他相邻构成面上单击鼠标左键，贴图将无缝包裹整个曲
面几何体，完成效果如图6-54所示。

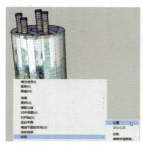

图6-51　编辑贴图　　　　　图6-52　完成编辑　　　　图6-53　吸取材质　　图6-54　曲面贴图

6.4.9　曲面贴图与投影贴图

　　在SketchUp中常常需要将建筑图像投影到
一个代表建筑模型上，然而建模时常出现地形起
伏的现象，使用普通赋予材质的方式会使材质赋
予不完整。SketchUp提供了曲面贴图和投影贴
图功能来解决这一问题。图6-55右侧图像为曲
面贴图效果。

图6-55　曲面贴图

6.4.10　实例——创建地球仪

　　下面通过实例介绍利用曲面贴图与投影贴图功能创建地球仪的
方法。

　　（1）打开配套资源【投影贴图地球仪.skp】文件，这是一个未设置贴图的地球仪模型，如

SketchUp实用教程（第2版）室内·建筑·景观设计（微课版）

图6-56所示。

（2）激活【颜料桶】工具 ，在【在模型中】列表中选择贴图材质，为地球仪上色，此时贴图在球面上显示不完整，如图6-57所示。

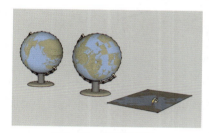

图6-56　打开模型

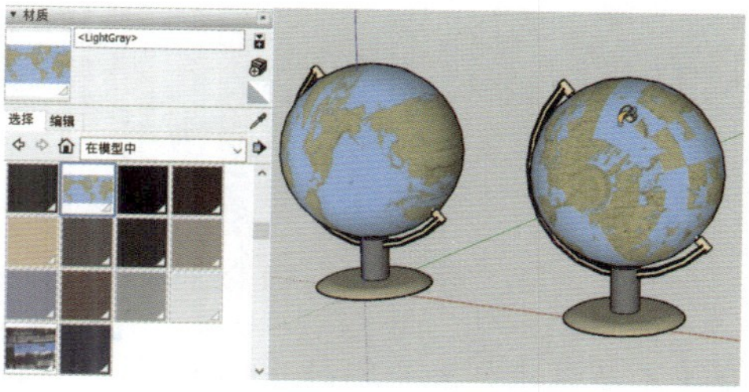

图6-57　赋予材质

（3）激活【矩形】工具 ，在地球仪模型旁绘制一个与球面平行的矩形，并将贴图材质填充到矩形面上，如图6-58所示。

（4）在矩形面上右击，在关联菜单中选择【纹理】|【投影】选项，如图6-59所示。

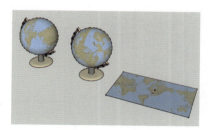

图6-58　绘制投影面

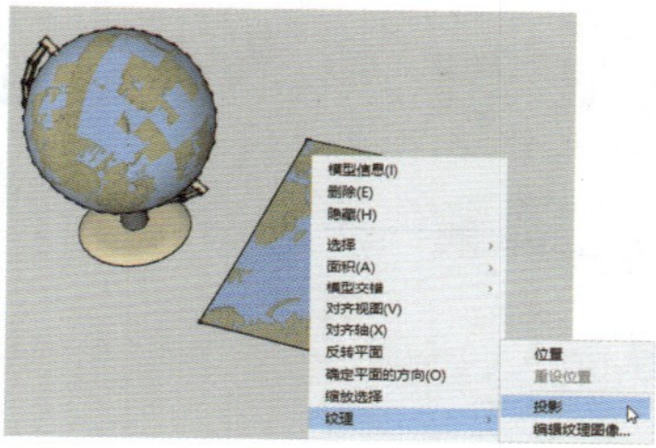

图6-59　选择选项

（5）激活【颜料桶】工具 ，按住Alt键，此时光标变为吸管形状 ，在矩形面上单击，如图6-60所示。然后放开Alt键，在球面单击鼠标左键，贴图将无缝包裹整个球体，完成效果如图6-61所示。

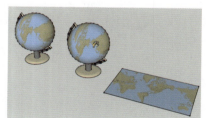

图6-60　吸取材质

图6-61　投影贴图

6.5　案例演练——为办公室模型赋予材质

本案例为办公桌的桌面、支撑架、玻璃挡板赋予材质，桌面下的资料柜继续使用默认材质。计算机屏幕的材质需要自行制作，并调整纹理位置。

（1）打开配套资源提供的【办公桌.skp】文件，如图6-62所示。

（2）激活【颜料桶】工具 ，在【材质】面板的【人造表面】列表中选择【浅蓝色水磨石砖】材质，如图6-63所示。

（3）为桌面赋予材质，如图6-64所示。

微课视频

图6-62　打开文件

图6-63　选择材质

图6-64　赋予材质

（4）在【木质纹】列表中选择【饰面板01】材质，如图6-65所示。

（5）为办公桌支撑架赋予材质，如图6-66所示。

（6）在【玻璃和镜子】列表中选择【灰色半透明玻璃】材质，如图6-67所示。

图6-65　选择材质

图6-66　赋予材质

图6-67　选择材质

（7）为挡板赋予材质，如图6-68所示。

（8）在【材质】面板中单击【创建材质】按钮，在【创建材质】对话框中单击文件夹按钮，在【选择图像】对话框中选择图像，如图6-69所示。

图6-68　赋予材质

图6-69　选择图像

（9）修改图像的尺寸，为计算机屏幕赋予材质，如图6-70所示。

（10）选择材质，右击，在关联菜单中选择【纹理】|【位置】选项，如图6-71所示。

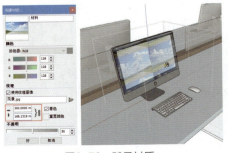
图6-70　赋予材质

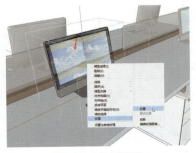
图6-71　选择选项

SketchUp实用教程（第2版）室内·建筑·景观设计（微课版）

（11）进入编辑模式，调整纹理的尺寸与位置，右击，在关联菜单中选择【完成】选项，如图6-72所示。

（12）激活【颜料桶】工具🪣，按住Alt键吸取材质，如图6-73所示。

（13）为屏幕上的其他面赋予材质，拼凑成一幅完整的画面，最终效果如图6-74所示。

图6-72　编辑纹理　　　　　　　　　图6-73　吸取材质　　　　　　　　图6-74　最终效果

6.6 提升练习——创建包装盒

打开盒子模型，创建新材质，添加包装图案。为盒子赋予材质，右击材质，选择【纹理】|【位置】选项，调整纹理的位置与尺寸，使包装图案完整包裹盒子，如图6-75所示。

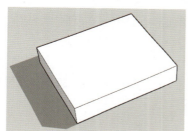 

图6-75　创建包装盒

6.7 温故知新——添加灯柱图案

打开灯模型，执行【创建材质】操作，导入纹理图案，创建灯柱材质。为灯柱赋予材质，选择材质，右击，选择【纹理】|【位置】选项，调整纹理的位置及尺寸，使纹理图案显示正常，如图6-76所示。

图6-76　添加灯柱图案

第 7 章 | SketchUp 渲染与输出

SketchUp虽然是一款面向设计方案创作过程的软件，但通过其文件导入与导出功能，可以很好地与AutoCAD、3ds Max、Photoshop和Piranesi等常用图形图像软件紧密协作。

SketchUp创建的模型既可以使用V-Ray for SketchUp等渲染插件渲染，又可以导出至3ds Max中进行更为精细的调整和渲染输出。

7.1 V-Ray for SketchUp模型的渲染

SketchUp虽然在建模方面灵活、易于操作，但功能有限。在材质上，只有贴图、颜色及透明控制，没有真实世界物体的反射、折射、自发光、凸凹等属性，只能表达建筑的大概效果，无法形成真实的照片级效果。灯光系统只有太阳，没有其他灯光系统，无法表达夜景及室内建筑效果。仅提供了阴影模式，对阳面、阴面形成简单的亮度区别，形成由太阳产生的阴影，没有内置渲染器。但这些缺陷都可以通过其他工具的配合得以改善。

随着SketchUp在设计领域的影响日益扩大，支持SketchUp的渲染器也越来越多，其中用得最多的是V-Ray for SketchUp。本章将介绍V-Ray渲染插件的概念与发展，并详细讲解V-Ray渲染插件的使用。

7.1.1 V-Ray简介

1. V-Ray渲染的概念及发展

V-Ray for SketchUp是将V-Ray整合嵌置于SketchUp内，成功地沿袭了SketchUp的日照和贴图习惯，使方案表现有了最大限度的延续性。V-Ray渲染器参数较少，材质调节灵活，灯光简单而强大。只要掌握了正确的方法，就很容易做出照片级的效果图，如图7-1～图7-4所示。

图7-1　室内渲染

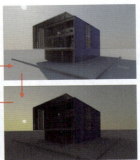

图7-2　室外渲染

图7-3　白昼渲染　　　　　　　　　　　　图7-4　黑夜渲染

在V-Ray for SketchUp插件发布以前，处理SketchUp效果图的方法通常是将SketchUp模型导入3ds Max中调整模型的材质，然后借助V-Ray for MAX对效果图进一步完善，增加空间的光影关系，获得更有说服力的效果图。

V-Ray作为一款功能强大的全局光渲染器，应用在SketchUp中的时间并不是很长。在2007年推出第一个正式版本V-Ray for SketchUp 1.0后，开发V-Ray与SketchUp插件接口的Asgvis公司，根据用户反馈的意见和建议，对V-Ray进行不断完善和改进，使其能适应不同版本的SketchUp，极大地为使用者提供便利。

2. V-Ray渲染器的特征

V-Ray的应用之所以日趋广泛，受到越来越多用户的青睐，主要是因为其具有独特而又强大的特性，具体如下。

（1）V-Ray拥有优秀的全局照明系统和超强的渲染引擎，可以快速计算出比较自然的灯光关系效果，并且同时支持室外、室内及机械产品的渲染。

（2）V-Ray还支持其他主要三维软件，如3ds Max、Maya等，其使用方式及界面相似，一旦掌握可以很容易将其推广到其他平台使用。

（3）V-Ray以插件的形式存在于SketchUp界面中，实现了对SketchUp场景的渲染，同时也做到了与SketchUp的无缝整合，使用起来极为方便。

（4）V-Ray支持高动态贴图，能完整表现出真实世界中的亮度，模拟环境光源。

（5）V-Ray拥有强大的材质系统，庞大的用户群提供的教程、资料、素材也极为丰富，因此，在遇到困难时很容易通过网络找到答案。

7.1.2　V-Ray for SketchUp工具栏

执行【视图】|【工具栏】命令，调出【工具栏】对话框，在对话框中勾选【V-Ray for SketchUp】复选项，即可在界面中增加【V-Ray for SketchUp】复选框，如图7-5所示。

图7-5　V-Ray for SketchUp工具栏

V-Ray for SketchUp工具栏中各按钮的作用如下。

【资源编辑器】：单击该按钮，打开V-Ray【资源编辑器】，对场景中的V-Ray材质进行编辑设置。

【Chaos Cosmos】：单击该按钮，打开【Chaos Cosmos】窗口，在其中显示设计资源，包括家具、灯具、材质和植物等，供用户调用。

【渲染】⟳ ⟲：启动或停止非交互式渲染。

【使用Chaos Cloud渲染】⊘：导出并使用Chaos Cloud渲染当前场景。

【启动V-Ray Vision】☉：打开V-Ray Vision窗口并开始实时渲染。

【视口渲染】▣：在SketchUp视口中开启交互式渲染。

【视口渲染区域】▣：允许在视口中选择渲染区域。

【帧缓存】▤：显示V-Ray帧缓存（VFB）。

【批量渲染】▣：启动或停止批量渲染。这将遍历SketchUp项目的所有场景标签并依次渲染它们。

【Chaos Cloud批量渲染】▣：启动Chaos Cloud批量渲染。这将遍历SketchUp项目的所有场景标签，并将它们上传到Chaos Cloud进行渲染。

【锁定摄影机方向】🔒：允许摄影机在交互式渲染期间移动而不更新渲染视图。

7.1.3 V-Ray for SketchUp资源编辑器

单击【资源编辑器】按钮⊘，打开V-Ray【资源编辑器】，在左侧的区域显示【材质】【灯光】和【纹理】信息，右上角是预览窗口，右下部分是参数设置区，如图7-6所示。

展开【材质】列表，查看材质类型。在【灯光】列表及【纹理】列表中显示当前场景使用的灯光与纹理。展开参数栏，如【漫反射】，在其中设置参数，并在预览窗口中观察设置结果，如图7-7所示。

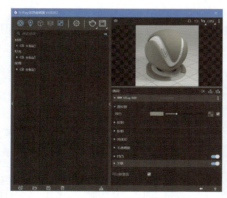
图7-6　V-Ray【资源编辑器】

图7-7　观察参数设置结果

7.1.4 V-Ray for SketchUp材质

V-Ray for SketchUp材质包括通用材质、自发光材质、双面材质、车漆2材质等，【材质】列表如图7-8所示。选择其中一种材质，设置材质参数后赋予模型，观察材质的创建效果。

图7-8　【材质】列表

7.1.5 V-Ray for SketchUp灯光系统

【V-Ray灯光】工具栏包括矩形灯光、球体灯光、聚光灯、IES灯光、点光源、穹顶灯光等，如图7-9所示。

图7-9　灯光工具栏

7.1.6 V-Ray for SketchUp渲染参数

在V-Ray【资源编辑器】中单击【设置】按钮，打开渲染参数设置面板，如图7-10所示。

V-Ray for SketchUp大部分渲染参数都在面板中完成，包括【渲染】【摄影机】【渲染输出】【质量】【抗锯齿过滤器】【色彩管理】【全局照明】等。在卷展栏中设置参数，调节场景的渲染效果。如果对渲染结果不满意，则可以反复调整参数，直至效果满意为止。

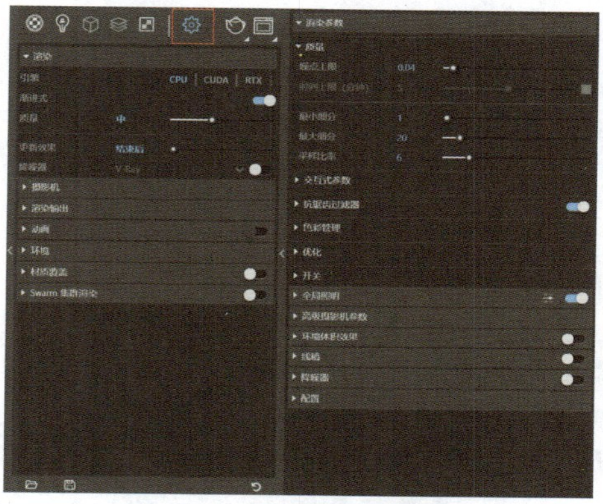

图7-10　渲染参数设置面板

7.2 室内渲染实例

学习V-Ray for SketchUp并不是一蹴而就的，要想渲染出好的效果，就必须理解和掌握前面介绍的各个参数的含义，并在实际渲染中灵活运用。本节通过实例介绍V-Ray for SketchUp在室内空间中的渲染流程和方法。

7.2.1 测试渲染

微课视频

在进行正式渲染之前，需要对场景灯光效果进行测试，以达到最好的光照效果。

1. 添加光源并设置灯光参数

（1）打开配套资源提供的【V-Ray室内渲染应用.skp】文件，这是一个现代风格的室内设计模型，场景模型客厅有顶灯4盏、吊灯1盏，餐厅有吊灯3盏，如图7-11所示。

图7-11　打开文件

（2）调整场景。执行【窗口】|【默认面板】|【阴影】命令，打开【阴影】面板，将时间设为【08:27】，并执行【视图】|【阴影】命令或单击【显示/隐藏阴影】按钮 开启阴影效果，如图7-12所示。

（3）使用【缩放】工具 调整视图的视角和焦距，使用【环绕视察】工具 和【平移】工具 将场景调整至合适的位置，并执行【视图】|【动画】|【添加场景】命令将场景保存，如图7-13所示。

图7-12　开启阴影

图7-13　添加场景

（4）将客厅吊灯的灯罩隐藏，在【V-Ray灯光】工具栏中单击【点光源】按钮 ，在球灯中添加点光源。在【V-Ray for Sketch】工具栏中单击【资源编辑器】按钮 ，打开V-Ray【资源编辑器】，展开【灯光】列表，找到点光源，在右侧面板设置相关参数，灯光颜色的RGB值为【255，237，186】，如图7-14所示。

图7-14　在客厅吊灯中添加点光源并设置参数

（5）参数设置完毕，取消隐藏吊灯中球灯的灯罩。

（6）用同样的方法，在客厅每盏筒灯组件中添加点光源，设置【强度】为200，灯光颜色的RGB值为【255，237，186】，其他参数设置如图7-15所示。

（7）在餐厅的3盏吊灯中分别放置一个点光源，设置【强度】为5000，灯光颜色的RGB值为【255，237，186】，其他选项参数设置如图7-16所示。

图7-15　在客厅筒灯中添加点光源并设置参数　　　　图7-16　在餐厅吊灯中添加点光源并设置参数

（8）由于场景中亮度不够，需要添加IES光源来增强场景的亮度，提升室内空间的品质感。

SketchUp实用教程（第2版）室内·建筑·景观设计（微课版）

（9）在客厅两侧分别添加3个IES光源，如图7-17所示。

图7-17　添加IES光源

（10）设置光源颜色的RGB值为【255，244，237】，【强度】为160，在上方的窗口中预览灯光效果，如图7-18所示。

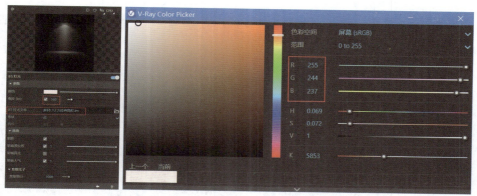

图7-18　设置IES光源参数

提示 　　【IES灯光文件】参数中的【经典筒灯.ies】文件在配套资源文件中已提供。

（11）用同样的方法，继续在场景中添加IES光源，并设置灯光参数，以增强客厅空间的亮度，如图7-19所示。

图7-19　继续添加IES光源并设置参数

（12）在客厅过道、储物房、餐厅中分别设置两个IES光源，如图7-20所示。

（13）设置灯光颜色的RGB值为【255，244，237】，【强度】为250，添加IES光源文件，其他参数设置如图7-21所示。

图7-20　添加IES光源　　　　　　　　　图7-21　设置参数

2. 设置测试渲染参数

光源设置完毕，便可以开始测试渲染，看室内空间的亮度是否适宜。单击【设置】按钮，设置测试渲染参数。

（1）打开【材质覆盖】选项，将【覆盖颜色】的RGB值设置为【188，188，188】，如图7-22所示。

图7-22　设置材质覆盖参数

（2）关闭【抗锯齿过滤器】选项，如图7-23所示。在渲染过程中因为要执行【抗锯齿】操作，会延长出图时间，所以在测试阶段可以暂时关闭该选项。

（3）在【渲染输出】栏中设置【宽高比】为【自定义】，设置输出图像的尺寸为500mm×375mm，自定义文件路径，如图7-24所示。

图7-23　关闭【抗锯齿过滤器】　　　　　图7-24　设置图像尺寸

（4）在【灯光缓存】栏中将【细分】设置为200，如图7-25所示。

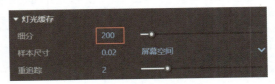

图7-25　设置灯光缓存参数

（5）测试渲染参数设置完成后，单击【渲染】按钮![icon]，开始渲染场景，渲染完成后效果如图7-26所示。

（6）由测试渲染效果图可知，亮度有所欠缺。在客厅窗户上添加一个矩形灯光，如图7-27所示。

图7-26　测试渲染效果

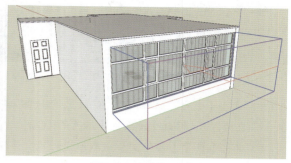

图7-27　添加矩形灯光

（7）设置灯光颜色的RGB值为【235，255，255】，【强度】为50，选择【不可见】选项，其他参数设置如图7-28所示。

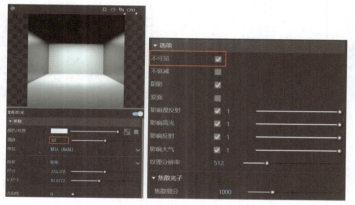

图7-28　设置灯光参数

 提示　　在很多情况下，一次测试渲染是不够的，需要多次测试渲染以达到最好的效果。

7.2.2　设置材质参数

灯光效果设置完成后，可以设置场景的材质参数，营造空间的真实感。

（1）执行【窗口】|【默认面板】|【材质】命令，打开【材质】面板。单击【吸管】按钮![icon]，吸取客厅吊灯的球形灯罩材质。

（2）在【V-Ray for SketchUp】工具栏中单击【资源编辑器】按钮![icon]，打开V-Ray【资源编辑器】，展开【材质】列表，可以看到灯罩材质已被选中，在右侧面板设置参数，选中【菲涅尔】复选框，将【反射IOR】设置为1.6，【漫反射】颜色的RGB值为【255，245，238】，如图7-29所示。

微课视频

图7-29　设置灯罩材质参数

（3）单击【吸管】按钮 🖉，吸取客厅地板材质，选中【菲涅尔】复选框，将【反射IOR】设置为1.55，修改【漫反射】颜色的RGB值为【219，219，219】，如图7-30所示。

（4）单击【吸管】按钮 🖉，吸取沙发材质，设置【反射光泽度】为1，修改【漫反射】颜色的RGB值为【255，255，240】，如图7-31所示。

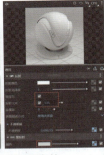

图7-30　设置地板材质参数　　　　　　　　图7-31　设置沙发材质参数

7.2.3　设置最终渲染参数

微课视频

调整好场景中主要的材质参数后，便可以开始设置最终渲染参数，并执行渲染命令进行最终效果的渲染。为了得到高质量的渲染图，参数设置尽量精准，渲染时间也会较长。

（1）单击【设置】按钮 ⚙，设置渲染参数。在【高级摄影机参数】卷展栏中将【胶片感光度】设置为400，【光圈】设置为8，【快门速度】设置为20，如图7-32所示。

（2）在【环境】栏中将【背景】颜色的RGB值设置为【207，255，254】，选中【GI】【反射】【折射】复选框，如图7-33所示。

（3）在【渲染输出】卷展栏中设置输出图像的尺寸，再指定输出图像的存储路径，如图7-34所示。

图7-32　设置相机参数　　　　　图7-33　设置环境参数　　　　图7-34　设置输出参数

（4）在【抗锯齿过滤器】卷展栏中展开列表，选择【Catmull Rom】类型，如图7-35所示得到锐利的图像边缘。

图7-35　设置抗锯齿过滤器参数

（5）在【全局照明】卷展栏中设置【发光贴图】的【细分】为200，设置【灯光缓存】的【细分】为800，如图7-36所示。【细分】越大，图像的质量越高，占用的系统内存及渲染的时间越长，其余选项参数保持默认即可。

（6）渲染参数设置完成后，单击【渲染】按钮 ，开始渲染场景，渲染完成后的效果如图7-37所示。通常一次出图不一定能达到满意效果，需要反复调整参数，多次出图，才能得到符合使用要求的图像。

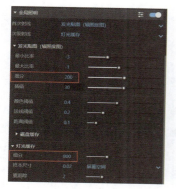

图7-36　设置参数

图7-37　最终的渲染效果

7.3　SketchUp导入功能

SketchUp具有导入与导出的功能，可以很好地与多种软件紧密协作，如AutoCAD、3ds Max、Photoshop等。在设计中，每一种软件都有自身的局限性，通过软件之间导入与导出的配合协作，可以使设计过程简单易行，也可以使得设计成果展示完整。

SketchUp支持多种软件图像、模型的导入，将二维文件导入SketchUp，可以实现平地起高楼的效果，将三维模型导入SketchUp，可以使建模过程变得简单。

7.3.1　导入AutoCAD文件

导入SketchUp的DWG文件会自动创建成组，如图7-38所示。切换至顶视图，单击【缩放范围】按钮 ，观察图纸的整体，如图7-39所示。

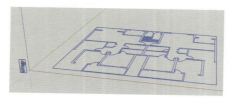

图7-38　自动成组

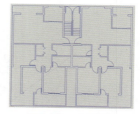

图7-39　查看图纸

下面通过实例介绍导入AutoCAD平面图的方法。

（1）运行SketchUp软件，执行【文件】|【导入】命令，在弹出的【导入】对话框中选择平面图，如图7-40所示。

图7-40　选择平面图

（2）选择要导入的文件，单击【选项】按钮 选项...，在弹出的【导入AutoCAD DWG/DXF选项】对话框中设置文件导入比例单位，如图7-41所示，一般情况下选择【单位】为【毫米】，单击【好】按钮退出设置。

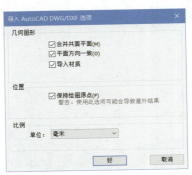

图7-41　设置文件信息

（3）SketchUp开始将文件导入场景中，导入时间由文件的大小决定。SketchUp的几何体与大部分AutoCAD软件中的几何体有很大区别，转换时需要大量的运算。

（4）导入完成后，SketchUp弹出【导入结果】对话框，如图7-42所示，报告中统计了导入文件包含的实体元素。

（5）导入AutoCAD平面图的结果如图7-43所示。

图7-42　导入结果

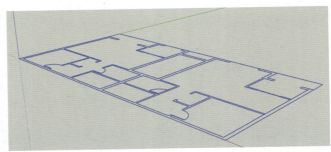

图7-43　导入结果

7.3.3 实例——绘制教师公寓墙体

微课视频

下面通过实例介绍将AutoCAD图纸导入SketchUp场景中并创建教师公寓的方法。

（1）运行SketchUp软件，执行【文件】|【导入】命令，在弹出的【导入】对话框中选择【教师公寓平面导图.dwg】文件，单击【选项】按钮，设置【单位】为【毫米】，如图7-44所示。

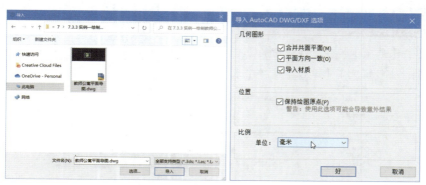

图7-44　选择导入文件

（2）设置完成后，SketchUp开始将文件导入场景中，导入完成后，SketchUp将提供导入结果报告，如图7-45所示，报告中统计了导入文件包含的元素。

（3）AutoCAD图形导入场景中后自动成组，如图7-46所示。但是图形构成线只是相对独立的线段，并未构成面，如图7-47所示。

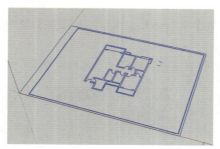

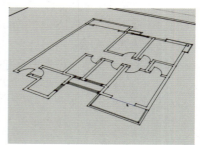

图7-45　导入结果　　　　　　图7-46　自动成组　　　　　　图7-47　未构成面

（4）激活【直线】工具✐和【矩形】工具▱，对AutoCAD图形进行封面处理，如图7-48和图7-49所示。

（5）封面完成后，激活【推/拉】工具🔺，对教师公寓的墙体进行推拉，如图7-50所示。

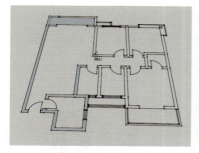

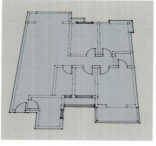

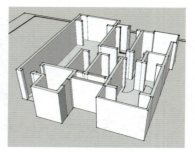

图7-48　封面处理　　　　　　图7-49　封面完成　　　　　　图7-50　推拉墙体

7.3.4 导入3DS文件

同为三维场景建模软件，3ds Max可以创建出比SketchUp更加精致的三维模型，所以必要时，可以将3DS文件导入SketchUp中应用，使场景进一步变得真实美观。

下面通过实例介绍导入3DS文件的方法。

（1）运行SketchUp软件，执行【文件】|【导入】命令，如图7-51所示，在弹出的【导入】对话框中选择3DS文件。

（2）单击【选项】按钮，在弹出的【3DS导入选项】对话框中设置文件导入比例单位，如图7-52所示，一般情况下【单位】选择【米】，单击【好】按钮退出设置。

图7-51 执行命令

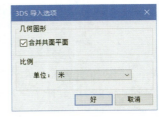

图7-52 设置参数

（3）显示【导入进度】对话框，如图7-53所示。

（4）导入完成后，SketchUp提供【导入结果】报告，如图7-54所示，报告中统计了导入文件包含的实体元素。

（5）导入模型后，场景中原有的模型将自动删除，导入的模型自动成组，如图7-55所示。

图7-53 导入进度

图7-54 导入结果

图7-55 导入模型

提示　　3ds Max中的模型线条导入SketchUp中后会十分粗糙，需要进行【软化/平滑边线】操作。

7.3.5 实例——导入彩平图

微课视频

在SketchUp中，常常需要将二维图像导入场景中作为场景底图，再在底图上描绘，将其还原为三维模型。SketchUp允许导入的二维图像文件包括JPEG、PNG、TGA、BMP和TIF格式。

下面通过实例介绍导入二维图像的方法。

（1）运行SketchUp软件，执行【文件】|【导入】命令，在弹出的【导入】对话框中选择文件，在【将图像用作】中选择【图像】，如图7-56所示。

（2）单击【导入】按钮，图像导入后依附于光标。移动光标，指定放置点，如图7-57所示。

图7-56　选择文件类型

图7-57　指定放置点

（3）移动光标，在【数值】输入框中显示图像的宽度，如图7-58所示。在合适的位置单击，确认图像的宽度即可。

（4）图像自动成组，如图7-59所示。

图7-58　显示图像宽度

图7-59　导入结果

 提示
　　导入图像文件的宽高比在默认情况下将保持原有比例，在对宽高比进行调整时，可以借助Shift键对图像文件进行等比调整，也可以借助【比例】工具调整其宽高比。

7.4 SketchUp导出功能

SketchUp属于初步设计阶段常用的三维软件，在设计过程中常常需要结合其他软件，对

SketchUp中的模型做进一步的完善。同时，将在SketchUp中创建的模型导入其他软件也可以为设计创作提供很大的方便，更清晰地展示设计方案。

导出AutoCAD文件

在SketchUp中，可以将模型导出为AutoCAD文件格式，而AutoCAD文件可以导出为二维矢量图文件，也可导出为3DS模型文件。

执行【文件】|【导出】|【二维图形】命令，在弹出的【输出二维图形】对话框中单击【选项】按钮，在弹出的【DWG/DXF输出选项】对话框中设置参数，如图7-60所示。

执行【文件】|【导出】|【三维模型】命令，在弹出的【输出模型】对话框中单击【选项】按钮，在弹出的【DWG/DXF输出选项】对话框中设置参数，如图7-61所示。

图7-60　导出AutoCAD二维图形　　　　　　　　图7-61　参数设置

实例——导出AutoCAD二维矢量图文件

下面通过实例介绍导出AutoCAD二维矢量图文件的方法。

（1）打开配套资源中的【室内模型.skp】文件，这是一个室内模型，如图7-62所示。将视图模式切换为平行投影下的俯视图模式，如图7-63所示。

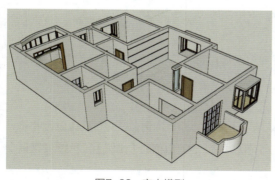
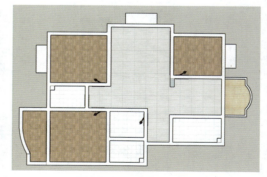

图7-62　室内模型　　　　　　　　　　　图7-63　平行投影俯视图

（2）执行【文件】|【导出】|【二维图形】命令，在弹出的【输出二维图形】对话框中将输出文件类型设置为【AutoCAD DWG文件（*.dwg）】，如图7-64所示。

（3）单击【选项】按钮，在弹出的【DWG/DXF输出选项】对话框中对输出文件进行设置，如图7-65所示。

图7-64　选择文件类型

图7-65　设置参数

（4）设置完成后，单击【好】按钮退出设置。在【输出二维图形】对话框中单击【导出】按钮，确认将模型导出。导出完成后，弹出如图7-66所示的提示对话框，单击【确定】按钮。

（5）在AutoCAD中打开导出的图形，如图7-67所示。

 提示　只有在【平行投影】模式下导出的二维图形才是真正二维显示的，若在【透视图】模式下导出模型，则显示效果如图7-68所示。

图7-66　提示对话框

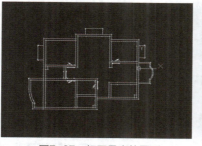

图7-67　打开导出的图形

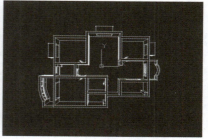

图7-68　非二维显示效果

7.4.3　实例——导出AutoCAD公共建筑三维模型

微课视频

下面通过实例介绍导出AutoCAD三维模型文件的方法。

（1）打开配套资源中的【学校三维模型.skp】文件，如图7-69所示。

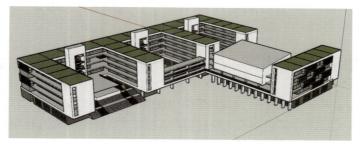

图7-69　打开文件

（2）执行【文件】|【导出】|【三维模型】命令，如图7-70所示，在弹出的【输出模型】对话框中将输出文件类型设置为【AutoCAD DWG 文件（*.dwg）】，如图7-71所示。

图7-70　执行命令

图7-71　【输出模型】对话框

（3）单击【选项】按钮，在弹出的【DWG/DXF输出选项】对话框中设置参数，如图7-72所示。

（4）单击【好】按钮，显示【导出进度】对话框，显示导出模型的进度，如图7-73所示。

图7-72　设置参数

图7-73　导出进度

（5）导出完成后，弹出图7-74所示的提示对话框，显示模型已经导出完成，单击【确定】按钮。

（6）在AutoCAD中打开模型，效果如图7-75所示。

图7-74　提示对话框

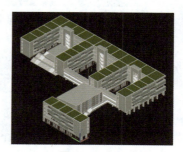

图7-75　打开模型

7.4.4　导出常用三维模型

3DS格式最早是基于DOS的3D Studio建模和渲染动画程序的文件格式。虽然从某种意义上说已经过时了，但3DS格式仍然被广泛应用。3DS格式支持SketchUp输出材质、贴图和相机，比AutoCAD格式更能完美地转换SketchUp模型。

执行【文件】|【导出】|【三维模型】命令，弹出【输出模型】对话框，如图7-76所示。单击【选项】按钮，在弹出的【3DS导出选项】对话框中对输出文件进行相关设置，如图7-77所示。

图7-76 【输出模型】对话框   图7-77 【3DS导出选项】对话框

7.4.5 实例——导出景墙三维模型

下面通过实例介绍导出景墙三维模型的方法。

（1）打开配套资源提供的【景墙.skp】文件，如图7-78所示。

（2）执行【文件】|【导出】|【三维模型】命令，打开【输出模型】对话框，将输出文件类型设置为【3DS文件（*.3ds）】，如图7-79所示。

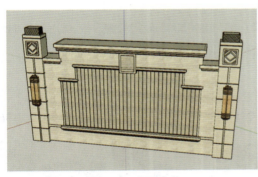

图7-78 打开文件

图7-79 【输出模型】对话框

（3）单击【选项】按钮，在弹出的【3DS导出选项】对话框中设置参数，如图7-80所示。

（4）单击【好】按钮退出导出选项设置，并在【输出模型】对话框中单击【导出】按钮，SketchUp开始将文件导出为3DS文件格式，导出进度如图7-81所示。

（5）导出完成后，SketchUp将提供导出结果报告，如图7-82所示，报告统计了导出文件包含的实体元素。

图7-80 设置参数   图7-81 导出进度   图7-82 3DS导出结果

7.4.6 实例——导出庭院二维图像

下面通过实例介绍导出庭院二维图像的方法。

（1）打开配套资源提供的【庭院花园.skp】文件，先在绘图窗口中设置好需要导出的模型视图，包括标准显示模式、边线渲染模式、阴影和视图方位，创建场景保存，选择【场景号1】，如图7-83所示。

（2）设置好视图后，执行【文件】|【导出】|【二维图形】命令，打开【输出二维图形】对话框，将输出文件类型设置为【JPEG图像（*.jpg）】，如图7-84所示。

（3）单击【选项】按钮，弹出【输出选项】对话框，设置参数如图7-85所示。

图7-83　打开文件

图7-84　【输出二维图形】对话框

图7-85　设置参数

（4）单击【好】按钮退出设置，在【输出二维图形】对话框中单击【导出】按钮，稍等片刻，导出图像的效果如图7-86所示。

导出的二维图像是由当时的SketchUp场景视图决定的，根据当前视图角度的不同，可导出不同的二维图像，如图7-87所示。这也为设计师向客户传达设计意图提供了极大的方便。

图7-86　导出图像

图7-87　不同视图角度的图像

7.4.7 导出二维剖切文件

SketchUp能以DWG/DXF格式将剖面图保存为二维矢量图，剖切图像对模型的进一步解读有十分重要的作用。

在场景中添加一个剖面，执行【文件】|【导出】|【剖面】命令，在弹出的【输出二维剖面】对话框中单击【选项】按钮，如图7-88所示，弹出【DWG/DXF输出选项】对话框，设置参数如图7-89所示。

图7-88 【输出二维剖面】对话框 　　　　图7-89 【DWG/DXF输出选项】对话框

7.4.8 实例——导出住宅小区二维剖切面图

微课视频

下面通过实例介绍导出二维剖切面图的方法。

（1）打开配套资源提供的【小区.skp】文件，如图7-90所示。

（2）激活【剖切面】工具⊕，沿水平方向对模型进行剖切，添加水平截面，如图7-91所示。

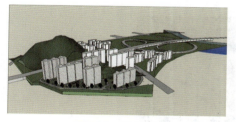

图7-90 打开文件

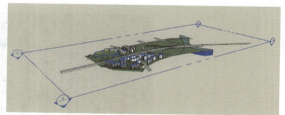

图7-91 添加水平截面

（3）执行【文件】|【导出】|【剖面】命令，弹出【输出二维剖面】对话框，将文件类型设置为【AutoCAD DWG 文件（*.dwg）】，如图7-92所示。

（4）单击【选项】按钮，弹出【DWG/DXF选项】对话框，设置参数如图7-93所示。

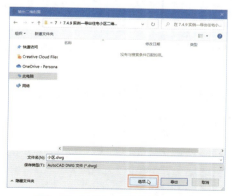

图7-92 【输出二维剖面】对话框

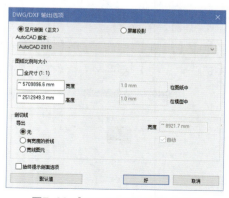

图7-93 【DWG/DXF选项】对话框

（5）设置完成后单击【好】按钮，返回【输出二维剖面】对话框，单击【导出】按钮，确认将剖面导出。导出结束后，弹出图7-94所示的提示对话框，提示用户已经导出完成。

（6）在AutoCAD中将导出文件打开，如图7-95所示。

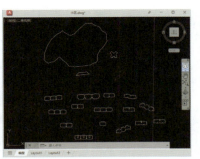

图7-94　提示对话框　　　　　图7-95　打开剖面图

7.5　案例演练——导入AutoCAD建筑平面图

在搭建大型建筑模型时，导入AutoCAD建筑平面图作为参考，方便用户定位、绘制、编辑，可以极大地提高工作效率。本节介绍操作方法。

（1）打开配套资源提供的【建筑平面图.dwg】文件，删除平面图中的图块、标注及其他图形，保留墙体、门窗、楼梯、阳台等基本建筑构件，整理结果如图7-96所示。

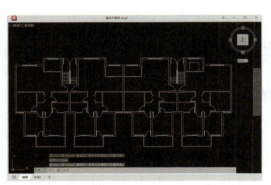

图7-96　整理平面图

（2）启动SketchUp，执行【文件】|【导入】命令，在【导入】对话框中选择整理完毕的DWG图纸，如图7-97所示。

（3）单击【选项】按钮，打开【导入AutoCAD DWG/DXF选项】对话框，设置参数如图7-98所示。单击【好】按钮返回【导入】对话框。

图7-97　选择图纸　　　　　图7-98　设置参数

（4）在【导入】对话框中单击【导入】按钮，稍等片刻，弹出【导出结果】提示对话框，如图7-99所示，提示用户已经完成导入操作，单击【关闭】按钮即可。

（5）在【视图】工具栏中单击【顶视图】按钮，查看导入的平面图，如图7-100所示。

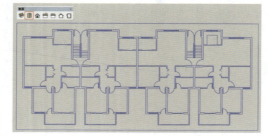

图7-99　提示对话框　　　　　　　图7-100　查看导入的平面图

7.6　提升练习——导入别墅园林彩平图

执行【文件】|【导入】命令，在目标文件夹中选择配套资源提供的【别墅彩平图.jpg】文件，在【将图像用作】选项区中选中【图像】单选按钮，单击【导入】按钮，将彩平图导入场景中，如图7-101所示。

图7-101　导入彩平图

7.7　温故知新——导出餐厅设计二维图像

执行【文件】|【导出】|【二维图形】命令，在【输出二维图形】对话框中选择【保存类型】为【JPEG图像（*.jpg）】，设置文件名，单击【导出】按钮，将图形导出至目标文件夹，如图7-102所示。

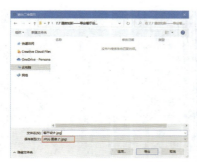

图7-102　导出餐厅二维图像

第 **8** 章 | 综合实例——现代风格客厅表现

室内设计是从设计到施工的一系列活动的过程，这一过程需要设计师自身具有深厚的艺术修养，以及对外界面物质及技术的综合控制能力，如造型能力、审美情趣、色彩感受、表现技巧和材料运用等。SketchUp能使这一过程变得快捷和轻松。

本章将详细介绍现代风格户型的设计流程，学习本章可了解利用SketchUp辅助室内设计的方法和技巧，包括从模型的创建到效果图渲染的整个流程。

8.1 导入SketchUp前的准备工作

利用SketchUp创建模型，通常的方法是将模型的AutoCAD平面图纸导入SketchUp场景中，然后根据AutoCAD图纸创建出大体空间，接着添加模型所需组件，赋予模型材质，最后进行V-Ray渲染，增加灯光效果处理。在本实例中，室内模型属于较为现代的设计风格，大方简洁、时尚典雅。

8.1.1 导入AutoCAD平面图形

微课视频

第7章已经详细讲解过如何将AutoCAD二维图形导入SketchUp场景中，当导入的图形较为复杂时，AutoCAD图纸含有大量的图层、线型和图块等信息，这些信息在平面设计中显得累赘，增加场景文件的复杂程度，并且会影响软件运行速度，所以导入AutoCAD平面图形也有技巧可循。

下面介绍导入AutoCAD平面图形的操作步骤。

（1）用AutoCAD软件打开配套资源中的【现代居室平面图.dwg】文件，如图8-1所示，这是未经过任何处理的现代简约三居室室内场景平面布置图。

（2）将AutoCAD图形中的尺寸标注、文字、家具、铺装等信息全部删除，并将门的位置用矩形补齐，使导入图形尽量精简，如图8-2所示。

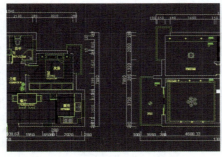
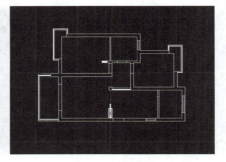

图8-1　打开室内AutoCAD图形　　　　　　图8-2　精简图形

（3）在AutoCAD命令输入框中输入【pu】按空格键，弹出图8-3所示的【清理】对话框，单击【全部清理】按钮对场景中的图源信息进行处理。

（4）在弹出的【确认清理】对话框中选择【清除所有选中项】选项，如图8-4所示。

（5）多次单击【全部清理】按钮和选择【清除所有选中项】选项，直到【全部清理】按钮变为灰色才完成图像的清理，如图8-5所示。

图8-3 【清理】对话框

图8-4 清除所有选中项

图8-5 清理完成

（6）用上述清理方法，将图8-6所示的【顶面布置图】AutoCAD文件进行清理，清理完成后如图8-7所示。

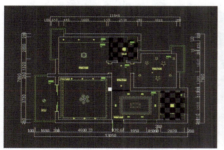
图8-6 处理顶面布置图

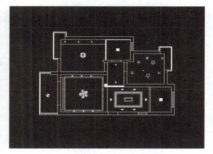
图8-7 精简图形

8.1.2 优化SketchUp模型信息

微课视频

（1）执行【窗口】|【模型信息】命令，在【模型信息】对话框中选择【单位】选项，设置模型信息如图8-8所示，这样的设置参数可以使SketchUp场景操作更流畅。

图8-8 优化模型信息

（2）导入AutoCAD图形。执行【文件】|【导入】命令，在弹出的【导入】对话框中选择清理完成的AutoCAD文件，如图8-9所示。

（3）单击【选项】按钮，在打开的【导入AutoCAD DWG/DXF选项】对话框中将单位设置为【毫米】，并选中【保持绘图原点】复选框，如图8-10所示，单击【好】按钮退出选项设置。最后单击【导入】对话框中的【导入】按钮，完成AutoCAD平面图导入SketchUp的操作。

图8-9　选择导入文件

图8-10　设置导入选项

（4）AutoCAD图形导入后，出现图8-11所示的导入结果。导入的AutoCAD图形自动成组，如图8-12所示。

图8-11　导入结果

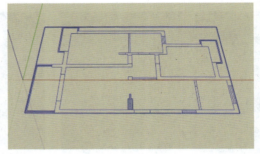
图8-12　自动成组

（5）执行【窗口】|【默认面板】|【标记】命令，打开【标记】面板，如图8-13所示。

（6）选择除【未标记】以外的所有标记，右击，在关联菜单中选择【删除标记】选项，弹出【删除包含图元的标记】对话框，选中【分配另一个标记】单选按钮，如图8-14所示，单击【好】按钮退出操作。

图8-13　【标记】面板

图8-14　删除标记

8.2 在SketchUp中创建模型

做好导入图纸前的准备工作后，便可以在SketchUp场景中创建模型了。创建模型时应把握适当的步骤，以加快模型的创建速度，提高制图的流畅性。

8.2.1 绘制墙体

（1）利用【矩形】工具▨和【直线】工具✏将导入的AutoCAD平面图形进行封面处理，如图8-15和图8-16所示。

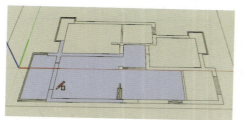
图8-15 封面处理

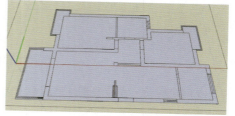
图8-16 封面完成

（2）窗选整个平面，右击，在关联菜单中选择【反转平面】命令，将所有平面反转，如图8-17所示。

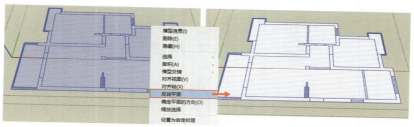
图8-17 反转平面

（3）在【标记】面板中单击【添加标记】按钮⊕，添加名为【墙体】【天花板】和【平面】的标记，如图8-18所示。

（4）激活【选择】工具▸，按住Ctrl键进行多选，选中所有墙体平面，包括门窗所在墙体，右击，在关联菜单中选择【创建群组】命令，将所有墙体平面创建成组，如图8-19所示。

图8-18 添加标记

图8-19 创建墙体群组

（5）在墙体群组上右击，在关联菜单中选择【模型信息】命令，在弹出的【图元信息】面板中，将墙体群组所在的【未标记】更换为【墙体】标记，如图8-20所示。

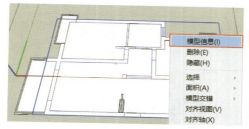

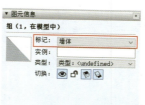

图8-20 移动标记

（6）双击墙体群组进入编辑状态，激活【推/拉】工具 ◆ ，将所有墙体面向上推拉出2650.0mm的高度，如图8-21所示。

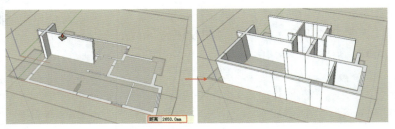

图8-21　推拉出墙体高度

（7）绘制踢脚面。在【视图】工具栏中单击前视图 ⌂ 、后视图 ⌂ 、左视图 □ 、右视图 □ 按钮，切换至对应视图，利用【选择】工具 ▸ ，按住Ctrl键，选择所有墙体底面边线，如图8-22所示。

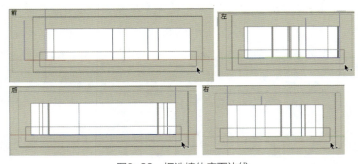

图8-22　框选墙体底面边线

（8）激活【移动】工具 ✛ ，按住Ctrl键，将墙体底面边线向上移动复制100.0mm的距离，如图8-23所示。

（9）制作室内外门窗框架。激活【卷尺】工具 ⌖ ，在入口门距地面2200.0mm距离处绘制一条辅助线，如图8-24所示。

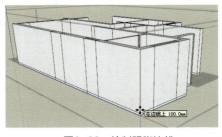

图8-23　绘制踢脚边线

图8-24　绘制入口门框辅助线

（10）激活【直线】工具 ✐ ，在辅助线与门框线相交点处绘制一条线段，如图8-25所示，并用【推/拉】工具 ◆ 对入口门框进行挖空处理，如图8-26所示。

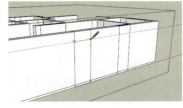

图8-25　绘制门框高度线段

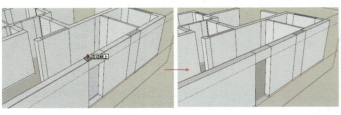

图8-26　挖空门框

（11）用上述同样的方法绘制出餐厅窗户位置。在距地面900.0mm处绘制辅助线，如图8-27所示，激活【矩形】工具，以辅助线与窗框线相交点为矩形基点，绘制一个1500mm×850mm的矩形，如图8-28所示。

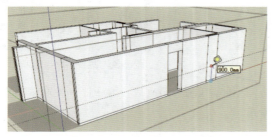

图8-27　绘制餐厅窗户辅助线　　　　图8-28　绘制窗户框

（12）激活【推/拉】工具，对窗户框进行挖空处理，如图8-29所示。

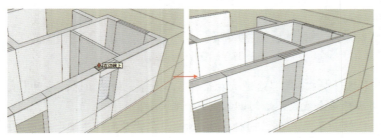

图8-29　挖空窗户框

（13）对室内外其余门框和窗户进行同样的处理，尺寸与上述门窗尺寸一样，如图8-30～图8-32所示。

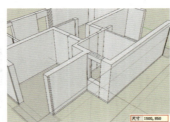

图8-30　厨房窗户　　　　图8-31　卫生间窗户　　　　图8-32　主次卧和卫生间门框

（14）绘制阳台隔门。激活【卷尺】工具，在距顶面边线600.0mm处绘制辅助线，如图8-33所示。用【直线】工具在辅助线与门框线相交点处绘制一条线段，如图8-34所示，

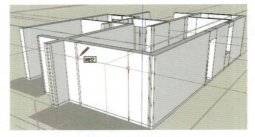

图8-33　绘制辅助线　　　　图8-34　连接相交点

（15）激活【推/拉】工具，对阳台门框进行挖空处理，如图8-35所示。

（16）用同样的方法绘制出餐厅与厨房隔门，如图8-36所示。

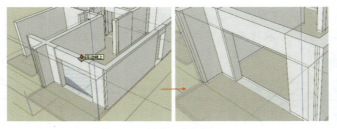
图8-35 挖空阳台门框

图8-36 绘制餐厅与厨房隔门

（17）制作墙体花样。绘制电视背景墙。选择客厅踢脚面边线，右击，在关联菜单中选择【拆分】命令，将其分为5等份，如图8-37所示。

图8-37 拆分背景墙踢脚面边线

（18）激活【矩形】工具 ，通过从左至右第二个等分绘制矩形，再用【直线】工具 补齐踢脚面处，并删除多余线段，绘制出电视背景墙，如图8-38所示。

（19）激活【推/拉】工具 ，同时按住Ctrl键，将背景面外轮廓向内推进125.0mm，如图8-39所示。

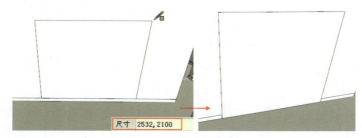
图8-38 绘制电视背景墙

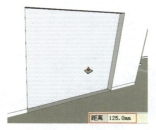
图8-39 推进背景墙

（20）选择外轮廓面，并激活【移动】工具 ，按住Ctrl键，将其向内移动复制至中点位置，如图8-40所示。

（21）激活【推/拉】工具 ，将左右两边和上方的内面向内推进60.0mm，用于制作灯槽，如图8-41所示。

（22）灯槽制作完毕，激活【圆弧】工具 ，在电视机背景墙面上绘制装饰弧线，如图8-42所示。

图8-40 复制外轮廓线

图8-41 制作灯槽

图8-42 绘制装饰弧线

（23）继续使用【推/拉】工具，将室内左右踢脚面推出25mm的厚度，如图8-43所示。

（24）激活【删除】工具，将墙体上所有多余的线段擦除，如图8-44所示。

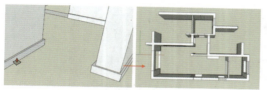

图8-43　推出踢脚面厚度

图8-44　擦除多余线段

8.2.2　绘制平面

（1）选择墙体群组，右击，在关联菜单中选择【隐藏】命令，将其隐藏以便绘制平面，如图8-45所示。

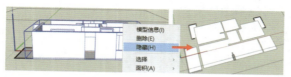

图8-45　隐藏墙体群组

（2）选择所有平面，将其创建成组，如图8-46所示。将平面群组移动至【平面】标记上，如图8-47所示。

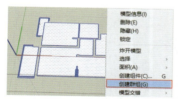

图8-46　创建平面群组

图8-47　移动群组

（3）制作生活阳台。激活【推/拉】工具，将阳台围栏面向上推出1100.0mm的高度，如图8-48所示。

（4）制作主卧窗台。激活【推/拉】工具，将主卧窗台平面和窗户平面向上推出450.0mm的高度，如图8-49所示。继续使用【推/拉】工具，按住Ctrl键，将窗户平面重复推出2200.0mm的高度，做出窗台窗户，如图8-50所示。

图8-48　制作生活阳台围栏

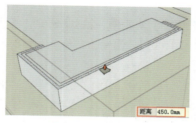

图8-49　推出窗台平面

图8-50　推出窗户平面

（5）绘制窗户。激活【偏移】工具，将窗户的4个面分别向内偏移100mm，如图8-51所示。

（6）激活【推/拉】工具，对窗户面进行挖空处理，并借助Delete键，将窗台处理成图8-52所示的效果。

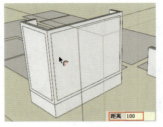

图8-51 绘制窗户轮廓

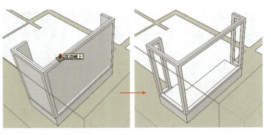

图8-52 挖空窗户面

（7）用上述相同的方法绘制出次卧窗台，如图8-53所示。

（8）绘制客厅与餐厅隔墙。激活【推/拉】工具 ，按住Ctrl键，将隔墙平面向上推出2650.0mm的高度，如图8-54所示。

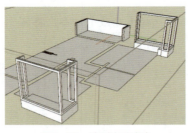

图8-53 绘制次卧窗台

图8-54 推出隔墙高度

（9）继续使用【推/拉】工具 将鞋柜面向上推出780.0mm的高度，如图8-55所示，按住Ctrl键，将鞋柜重复推出20.0mm的高度，如图8-56所示。

（10）激活【删除】工具 ，将隔墙上多余的线段擦除，如图8-57所示。

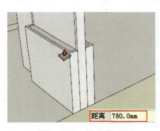

图8-55 推出鞋柜

图8-56 重复推出鞋柜

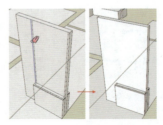

图8-57 擦除多余线段

（11）细化隔墙。激活【圆】工具 ，在隔墙顶面绘制一个半径为17mm的圆，如图8-58所示。

（12）双击圆面，将其创建为组，如图8-59所示。并用推/拉工具将其向下推出2650.0mm的高度，如图8-60所示。

（13）选择圆群组，用【移动】工具 ，按住Ctrl键，将其沿绿轴方向移动复制80.0mm的距离，并在数值控制框中输入【*15】，复制出15份，如图8-61所示。由于隔墙现在未赋予材质，故看不出效果。

图8-58 绘制圆面

图8-59 创建成组

图8-60 推出高度

图8-61 复制圆柱体

SketchUp实用教程（第2版）室内·建筑·景观设计（微课版）

8.2.3　绘制天花板

（1）采用与导入【现代居室平面图.dwg】文件同样的方法，将清理后的【顶面布置图.dwg】精简图形导入SketchUp场景中，导入后将自动成组，如图8-62所示。

（2）在顶面布置图上右击，在关联菜单中选择【模型信息】选项，将图形移动至【天花板】标记上，如图8-63所示。

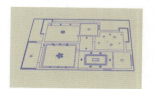

图8-62　导入顶面布置图　　　　图8-63　移动标记

（3）激活【矩形】工具，将天花板平面沿AutoCAD平面图进行封面处理，如图8-64所示。

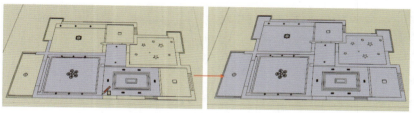

图8-64　天花板平面封面处理

（4）制作客厅天花板。双击客厅天花板，选中天花板平面及其边线，如图8-65所示。右击，在关联菜单中选择【创建群组】命令，将客厅天花板单独创建成组，如图8-66所示。

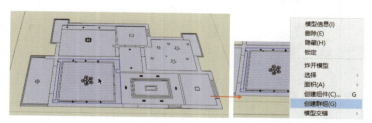

图8-65　选中面及其边线　　　　图8-66　创建客厅天花板群组

（5）双击进入客厅天花板群组编辑状态，激活【推/拉】工具，将客厅顶平面沿蓝轴方向向上推出120.0mm的厚度，如图8-67所示。

（6）利用【矩形】工具，在客厅顶平面底部绘制顶灯轮廓线，此时，客厅天花板平面将变成独立平面，如图8-68所示。

图8-67　推出天花板厚度　　　　　图8-68　绘制顶灯轮廓线

（7）将顶灯轮廓面分别向下推出240.0mm的厚度，如图8-69所示。

（8）选择内轮廓面边线，激活【移动】工具 ✛，按住Ctrl键，将其沿蓝轴方向向上移动复制60.0mm的距离，如图8-70所示。

图8-69　推出轮廓面厚度

图8-70　复制内轮廓面

（9）激活【推/拉】工具 ◆，将天花板壁灯槽向内推进80.0mm，如图8-71所示。

（10）用上述同样的方法绘制出餐厅天花板造型，尺寸如图8-72所示，完成效果如图8-73所示。

图8-71　推出壁灯槽

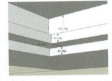
图8-72　餐厅天花板造型尺寸

图8-73　餐厅天花板

（11）绘制次卧天花板。双击次卧天花板平面，并按住Ctrl键，窗选天花板平面上的所有五角星边线，右击，在关联菜单中选择【创建群组】命令，将次卧天花板平面独立创建成组，如图8-74所示。

（12）双击进入群组的编辑状态，激活【推/拉】工具 ◆，将次卧天花板平面沿蓝轴方向向上推出120.0mm的厚度，如图8-75所示。

图8-74　创建群组

图8-75　推出天花板厚度

（13）激活【直线】工具 ✏，在次卧天花板群组底面上绘制五角星边线，将五角星图案平面单独划分出来，如图8-76所示。

图8-76　划分五角星单独平面

（14）将其他房间天花板平面、生活阳台天花板平面、主次卧室窗台天花板平面分别创建群组，并分别推出120mm的厚度，如图8-77所示。

SketchUp实用教程（第2版）室内·建筑·景观设计（微课版）

（15）使用【推/拉】工具🔺，并按住Ctrl键，将墙体部分的天花板也沿蓝轴方向向上推出120mm的厚度，完成效果如图8-78所示。

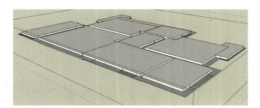
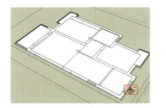

图8-77　补充各房间天花板　　　　图8-78　推出墙体部分天花板厚度

8.2.4　赋予材质

微课视频

（1）为客厅餐厅赋予墙纸。激活【颜料桶】工具🪣，在打开的【使用层颜色颜料】编辑器中单击【创建材质】按钮📦，打开【创建材质】对话框，单击【浏览材质图像文件】按钮📂，打开【选择图像】对话框，选择【客厅墙纸.jpg】文件，如图8-79所示。

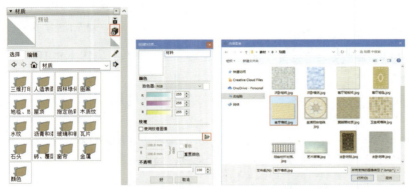

图8-79　创建客厅墙纸材质

（2）单击【选择图像】对话框中的【打开】按钮，确认将新材质应用于场景中，弹出图8-80所示的材质编辑对话框，将材质名称更改为【客厅墙纸】，调整材质颜色，单击【好】按钮退出。

（3）选择新材质，用【颜料桶】工具🪣将其赋予客厅墙壁，如图8-81所示。

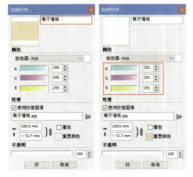
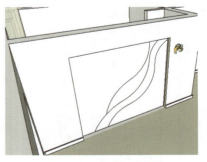

图8-80　编辑新材质　　　　　　图8-81　赋予墙面材质

（4）选择贴图，右击，在关联菜单中选择【纹理】|【位置】选项，调整贴图大小，如图8-82所示。

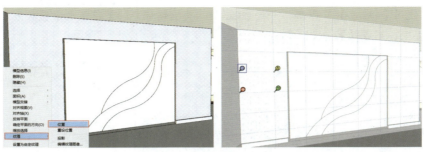

图8-82　调整贴图大小

（5）用【吸取管】 在贴图上单击，在相邻墙面上继续赋予材质，此时材质具有连接性，如图8-83所示。

（6）用相同的方法，为公共部分中的所有墙面都赋予该材质，如图8-84所示。

图8-83　赋予相邻面材质

图8-84　为客厅餐厅墙面赋予材质

（7）为电视机背景墙赋予材质。为电视背景墙分别赋予【浅灰】【炭黑】和【烟白】材质，如图8-85所示。

（8）分别为主次卧室、厨房、卫生间墙面、踢脚面及门基处赋予配套资源文件中提供的相应材质，如图8-86所示。

（9）为地板赋予材质。用与上述【创建材质】相同的方法，将配套资源中的【客厅地板砖.jpg】文件创建为新材质，并赋予客厅与餐厅地板，如图8-87所示。

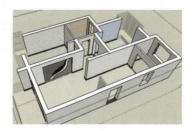

图8-85　为电视背景墙赋予材质　　　　图8-86　为各房间赋予墙纸材质

（10）通过调整贴图纹理位置，将地板砖调整为适当大小，如图8-88所示。

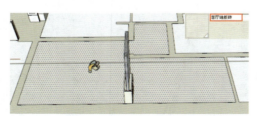

图8-87　为客厅地板赋予材质　　　　　图8-88　调整贴图尺寸

（11）用同样的方法，为其余房间的地板赋予材质，如图8-89所示。

（12）为客厅与餐厅隔墙赋予材质。选择墙体群组，右击，在关联菜单中选择【隐藏】选项，将其隐藏，以便对其他物体进行操作，如图8-90所示。

图8-89　为其余房间地板赋予材质

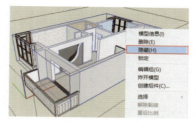
图8-90　隐藏墙体群组

（13）激活【颜料桶】工具，执行【创建材质】操作，将配套资源提供的【艺术玻璃.jpg】文件创建为【隔墙墙面】材质，并调整其不透明度为50，将其赋予客厅与餐厅隔墙，如图8-91所示，此时绘制在其中的圆柱体可见。

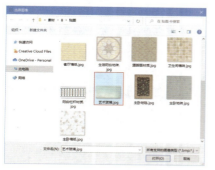

图8-91　为隔墙赋予材质

（14）选择鞋柜边线，右击，选择【拆分】选项将其分为3等份，如图8-92所示。

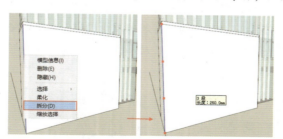
图8-92　等分鞋柜面边线

（15）激活【直线】工具，过等分点绘制水平线段，如图8-93所示。

（16）激活【偏移】工具，将三个面都向内偏移20mm的距离，如图8-94所示。并用【推/拉】工具将偏移面向外推出20.0mm的厚度，如图8-95所示。

图8-93　绘制鞋柜分隔线

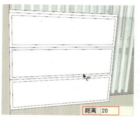
图8-94　偏移鞋柜面

图8-95　推出鞋柜门厚度

（17）绘制鞋柜门拉手。激活【矩形】工具，在鞋柜面上绘制一个165mm×40mm的矩形，如图8-96所示，并使用【推/拉】工具将其推出25.0mm的厚度，如图8-97所示，再使用【移动】工具，按住Ctrl键，将其向下移动复制2份，如图8-98所示。

图8-96　绘制鞋柜拉手平面　　　图8-97　推出拉手厚度　　图8-98　移动复制鞋柜拉手

（18）激活【颜料桶】工具，为鞋柜和鞋柜拉手分别赋予【象牙色】和【带阳极铝的金属】材质，如图8-99所示。

（19）为生活阳台围栏赋予材质。激活【偏移】工具，将生活阳台围栏三个立面向内偏移90.0mm，如图8-100所示。

（20）采用上述【创建材质】的方法，将配套资源中的【阳台围栏材质.jpg】文件创建为新材质，并赋予围栏偏移面，如图8-101所示。

图8-99　为鞋柜赋予材质　　　图8-100　偏移阳台围栏立面　　　图8-101　为偏移面赋予材质

（21）通过贴图位置调整，将贴图材质调整为图8-102所示的效果。

（22）绘制主次卧室窗台窗户。有两个窗洞的尺寸过窄，不适合安装窗户，只安装玻璃。选择窗户轮廓线，如图8-103所示，激活【移动】工具，将其向内移动复制至中点处，如图8-104所示。

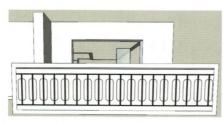

图8-102　调整贴图位置　　　图8-103　选择窗户轮廓线　　图8-104　复制至中点处

（23）激活【矩形】工具，将复制的线段连接成面，如图8-105所示。

（24）激活【颜料桶】工具，为该面赋予【半透明安全玻璃】材质，如图8-106所示。

（25）使用同样的方法绘制另一面窗户，如图8-107所示。

图8-105　连接成面　　　图8-106　赋予材质　　　图8-107　绘制另一面窗户

SketchUp实用教程（第2版）室内·建筑·景观设计（微课版）

（26）将次卧中两面尺寸较窄的窗户进行相同的处理，如图8-108所示，并为主卧、次卧分别安装窗台窗户组件，如图8-109所示。

图8-108　安装次卧玻璃窗　　　图8-109　放置窗台窗户组件

（27）为天花板赋予材质。取消隐藏天花板群组，双击进入天花板群组编辑状态。激活【颜料桶】工具 ，为客厅天花板赋予【0011贝壳色】材质 ，如图8-110所示，并安装灯组件，如图8-111所示。

图8-110　赋予客厅天花板材质　　　图8-111　安装灯组件

（28）用同样的方法为餐厅天花板赋予【0011贝壳色】材质 ，如图8-112所示，并安装灯组件，如图8-113所示。

图8-112　赋予餐厅天花板材质　　　图8-113　安装灯组件

（29）用同样的方法为其余房间天花板赋予材质，并安装灯组件，如图8-114～图8-116所示。

图8-114　主卧天花板材质　　图8-115　生活阳台天花板材质　　图8-116　厕所天花板材质

（30）为次卧天花板赋予材质。双击次卧天花板群组进入编辑状态，用【推/拉】工具 将五角星面沿蓝轴方向推出50.0mm的厚度，如图8-117所示。

图8-117　制作五角星壁灯

（31）用【颜料桶】工具 🖌 为五角星赋予【0046 金黄色】材质 🟨，并将材质的不透明度调整为70，如图8-118所示。

（32）继续使用【颜料桶】工具 🖌 为次卧天花板赋予与其墙纸一样的材质，并为次卧窗台天花板也赋予该材质，如图8-119所示。

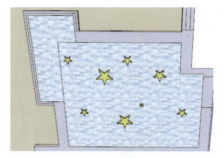

图8-118　为壁灯赋予材质　　　　　　图8-119　为天花板赋予材质

（33）所有房间天花板及其灯组件绘制完成，效果如图8-120所示。

图8-120　天花板材质赋予完成效果

8.2.5　安置家具

（1）布置客厅。执行【窗口】|【默认面板】|【标记】命令，打开【标记】面板，单击【添加标记】按钮 ⊕，添加一个名为【家具】的标记，如图8-121所示。并将当前标记切换为【家具】。

（2）将电视机组件、沙发组件、空调组件、壁画组件放置在相应位置，如图8-122所示。

图8-121　添加标记　　　　　　图8-122　放置家具组件

（3）放置客厅地毯。执行【文件】|【导入】命令，在【导入】对话框中将文件类型更改为【JPEG图像（*.jpg、*.jpeg）】，并选择【客厅地毯.jpg】图像，单击【导入】按钮，如图8-123所示。

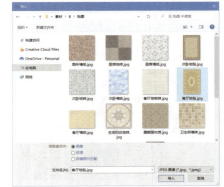

图8-123　导入客厅地毯贴图

（4）导入二维图像后，将其放置在客厅茶几下，并调整颜色和尺寸大小，如图8-124所示。

（5）布置生活阳台。在生活阳台中放置洗衣机组件、洗手池组件、烘衣架组件和盆栽，如图8-125所示。

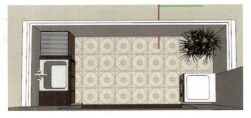

图8-124　放置客厅地毯　　　　　　　　　图8-125　布置生活阳台

（6）在生活阳台与客厅之间安置隔门组件，并在客厅内放置窗帘，利用【比例】工具将窗帘拉伸至合适大小，如图8-126所示。

（7）布置餐厅。在餐厅中放置餐桌椅组件、冰箱组件、时钟组件，如图8-127所示。

图8-126　放置隔门和窗帘组件　　　　　　　图8-127　布置餐厅

（8）布置厨房。在厨房中放置灶台组件、抽油烟机组件，如图8-128所示。

（9）在餐厅和厨房之间放置推拉门组件，如图8-129所示。

（10）布置过道。在客厅过道墙壁放置壁画，并在角落放置盆栽，如图8-130所示。

图8-128　布置厨房　　　　　图8-129　添加推拉门　　　图8-130　布置过道

（11）布置主卧。在主卧相应位置放置床组件、电视机组件、衣柜组件和壁画组件，如图8-131所示。

图8-131　布置主卧

（12）布置次卧。在次卧相应位置放置床组件、衣柜组件和壁画组件，如图8-132所示。

图8-132　布置次卧

（13）布置厕所。在厕所相应位置放置淋浴喷头组件、洗脸池组件、毛巾架组件，如图8-133所示。

（14）在洗脸池所在墙壁绘制一个550mm×2170mm的矩形，并用【偏移】工具 将矩形面向内偏移90mm，如图8-134所示。

图8-133　布置厕所　　　　　　　　图8-134　绘制镜面

（15）激活【颜料桶】工具 ，为镜子外轮廓面赋予【贝壳色】材质，使用【推/拉】工具 将其向外推拉50mm的厚度，通过【创建材质】操作，将配套资源中的【镜面材质.jpg】文件创建为新材质，将新材质赋予偏移面，并调整贴图大小，如图8-135所示。

（16）所有房间布置完成后，效果如图8-136所示。

图8-135　赋予镜子材质　　　　　　　图8-136　布置完成效果

SketchUp实用教程（第2版）室内·建筑·景观设计（微课版）

8.3 后期渲染

在SketchUp中创建的模型难免粗糙，真实度不够。一般情况下都需要做适当的后期效果处理，使模型更真实、更富有质感。本节中仅选取客厅详细讲解后期渲染。

8.3.1 渲染前期准备

在对一个空间进行渲染之前，需要对场景进行灯光分析，并据此在场景中安置合适的灯源。由分析可知，场景客厅有1盏吊灯、6盏吸顶灯和2盏台灯，餐厅有1盏吊灯和6盏吸顶灯。同时，客厅电视机背景墙有隐形灯槽。

（1）使用【缩放】工具 调整视图的视角和焦距，使用【环绕观察】工具 和【平移】工具 将场景调整至合适角度，执行【视图】|【动画】|【添加场景】命令添加场景，如图8-137所示。

图8-137 添加场景

（2）在【V-Ray灯光】工具栏中单击【点光源】按钮 ，在客厅吊灯上添加点光源，如图8-138所示。

（3）在【V-Ray for SketchUp】工具栏中单击【资源编辑器】按钮 ，打开V-Ray【资源编辑器】，在其中设置灯光参数，如图8-139所示。

图8-138 添加点光源　　　　　　　　　图8-139 设置参数

（4）在餐厅的吊灯中添加点光源，灯光颜色的RGB值为【255，234，189】，其他参数设置如图8-140所示。

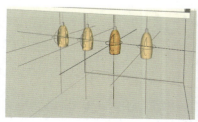

图8-140 添加点光源并设置参数

（5）在台灯中放置点光源，灯光颜色RGB值为【255，216，125】，将【强度】修改为800，其他参数设置如图8-141所示。

 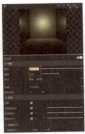 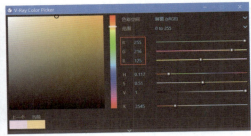

图8-141　添加点光源并设置参数

（6）在【V-Ray灯光】工具栏中单击【矩形灯光】按钮，在电视机背景墙左、右、上灯槽中放置3个矩形灯光，灯光颜色RGB值为【255，216，125】，其他参数设置如图8-142所示。

  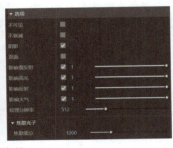

图8-142　添加矩形光源并设置参数

（7）用同样的方法，在餐厅天花板灯槽中添加4个矩形灯光，设置【强度】为50，并修改灯光颜色RGB值，如图8-143所示。

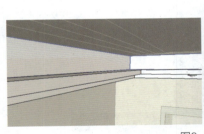  

图8-143　添加矩形灯光并设置参数

（8）在【V-Ray灯光】工具栏中单击【IES灯光】按钮，在弹出的【IES File】对话框中选择配套资源提供的灯光文件，在电视机背景墙上方添加光源，修改灯光颜色RGB值为【255，216，125】，【强度】为10，其他参数设置如图8-144所示。

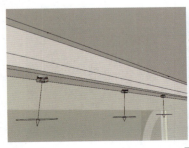  

图8-144　添加IES灯光并设置参数

（9）用同样的方法在客厅沙发背景墙上方和餐厅装饰画上方继续添加IES灯光，并设置相同参数，如图8-145所示。

（10）室内灯光设置完成后，继续利用矩形灯光在渲染场景中所有门窗处分别添加光源补光，如图8-146所示。

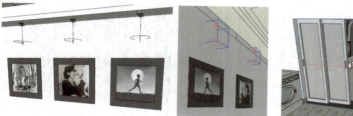

图8-145　添加IES灯光并设置参数

图8-146　添加矩形灯光

（11）设置矩形灯光颜色的RGB值为【199，255，255】，【强度】为160，选中【不可见】复选框，其他参数设置如图8-147所示。

图8-147　设置参数

8.3.2　设置渲染材质参数

处理完场景中的灯光效果后，便可以为场景中的材质添加渲染参数。

（1）在【材质】面板中单击【吸管】工具，吸取客厅地板的材质。在V-Ray【资源编辑器】中设置参数，【反射颜色】的RGB值为【100，100，100】，选中【菲涅尔】复选框，设置【反射IOR】为1.55，其他参数设置如图8-148所示。

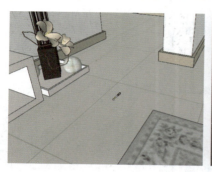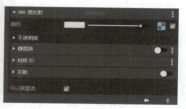

图8-148　设置客厅地板材质参数

（2）用【吸管】工具分别吸取客厅沙发和抱枕材质，分别设置【漫反射】颜色，其他参数保持默认值，如图8-149、图8-150所示。

  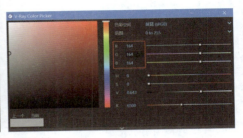

图8-149　设置客厅沙发材质参数

  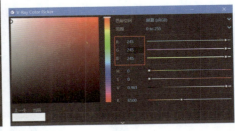

图8-150　设置客厅沙发抱枕材质参数

（3）用【吸管】工具✏吸取电视柜和茶几材质，设置【反射颜色】的RGB值为【100，100，100】，选中【菲涅尔】复选框，设置【反射IOR】为1.55，其他参数设置如图8-151所示。

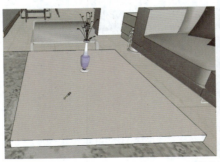 

图8-151　设置材质参数

（4）继续使用【吸管】工具✏吸取客厅地毯材质，设置【漫反射】颜色的RGB值为【177，177，177】，在【模式/贴图】列表中选择【凹凸贴图】，【强度】为5，其他参数设置如图8-152所示。

  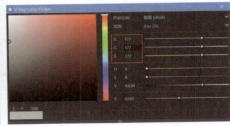

图8-152　设置地毯材质参数

（5）用【吸管】工具🖋吸取厨房推拉门玻璃材质，设置【漫反射】颜色的RGB值为【128，128，128】，如图8-153所示。

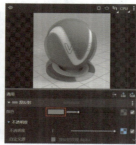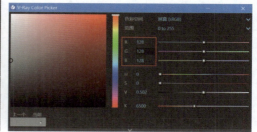

图8-153　设置推拉门玻璃材质的参数

8.3.3　设置渲染参数

材质参数设置完成后，接下来设置渲染参数。

（1）在V-Ray【资源编辑器】中单击【设置】按钮⚙️，进入参数设置面板。

（2）设置【渲染输出】参数，输出图纸大小可视自己喜好而定，在本实例中选择输出尺寸为1536mm×2048mm，自定义【文件路径】与【文件类型】，如图8-154所示。

（3）在【抗锯齿过滤器】卷展栏下选择【Catmull Rom】过滤器，如图8-155所示。

图8-154　设置输出参数　　　　图8-155　选择过滤器

（4）在【优化】卷展栏下设置【自适应灯光】为8，【不透明度深度】为50。在【开关】卷展栏下选择"置换"选项、"灯光"选项、"阴影"选项，其他参数设置如图8-156所示。

（5）在【全局照明】卷展栏下选择【首次射线】为【发光贴图（辐照度图）】，设置【灯光缓存】下的【细分】为1000，其他参数设置如图8-157所示。

（6）其余渲染参数保持默认即可。单击【渲染】按钮🫖，开始渲染场景，最终效果如图8-158所示。

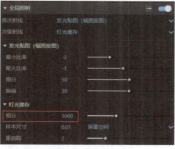

图8-156　设置参数　　　　图8-157　设置【全局照明】参数　　　　图8-158　渲染效果

第 **9** 章 | 综合实例—— 时尚别墅建筑表现

所谓建筑设计，就是将"虚拟现实"技术应用到城市规划、建筑设计等领域。由于SketchUp操作简便、性能强大，目前广泛应用在建筑外观设计中。在设计建筑外观时，使用SketchUp建模一般不需要将室内内部结构一一详细绘制清楚，仅需要将建筑轮廓推起后再对外形进行设计推敲。

本章以一套时尚别墅建筑为例，讲解建筑模型的创建、效果图渲染和Photoshop后期处理的整个流程。

9.1 了解时尚别墅建筑情况

别墅是住宅建筑中的一个重要种类，是住宅建筑物中形式最为丰富、最具想象空间的类型。别墅一般位于郊区或风景优美的地区，有良好的周边自然环境，同时它的功能较为齐全，因此别墅设计更应注意如何与周边环境和使用功能合理、和谐地结合在一起。

本实例选择别墅群落中的双拼别墅，其总平面图如图9-1所示。由总平面图可知，双拼别墅坐北朝南，别墅1#建筑南面和西面临城市道路，北面和东面临建筑。建筑四面绿化率较高，且西面存在微地形，环境优良。

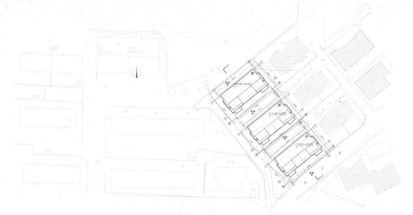

图9-1 时尚别墅建筑总平面图

9.2 导入SketchUp前的准备工作

本实例选用的作图方法是，先将建筑AutoCAD图纸导入SketchUp中，再根据AutoCAD图纸中的建筑尺寸等图元信息创建模型。

在创建模型之前，需要对建筑平立面图进行分析，对建筑设计的重点有基本的认识，并了解建筑基本结构与尺寸。本实例中的双拼别墅群具有很强的相似性，所以这里只对双拼别墅1#进行详细讲解。别墅效果图如图9-2所示。

图9-2　时尚双拼别墅效果图

9.2.1　整理AutoCAD平面图纸

微课视频

在SketchUp中创建建筑外观模型与创建建筑室内模型有较大差别，前者较后者更注重外观的表现。然而在创建两者模型之前，都需要对AutoCAD图纸进行整理，以提高作图速度。

（1）打开配套资源中的【时尚别墅.dwg】文件，文件包含建筑总平面图和建筑平、立、剖面图，如图9-3和图9-4所示。

图9-3　建筑总平面图

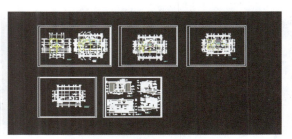

图9-4　建筑平、立、剖面图

（2）将建筑总平面图、建筑平面图、建筑立面图中的尺寸标注和文字标注删除，简化后的建筑总平面图、建筑平面图、建筑立面图分别如图9-5～图9-7所示。

图9-5　简化后的建筑总平面图

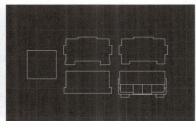

图9-6　简化后的建筑平面图

图9-7　简化后的建筑立面图

提示　　　前面提到建筑外观模型的创建更注重表现建筑外观，故建筑内部结构问题可以不予深究，所以在本实例中，为方便建筑平面的创建，建筑平面图只需外轮廓即可。

（3）在AutoCAD任务对话框中输入【pu】命令，按Enter键，弹出【清理】对话框，如图9-8所示。

（4）单击【清理】对话框中的【全部清理】按钮，对场景中的图源信息进行处理，弹出【清理-确认清理】对话框，如图9-9所示，单击【清除所有选中项】选项。

（5）经过多次单击【全部清理】按钮和选择【清除所有选中项】选项，直到【全部清理】按钮变为灰色才完成图像的清理，如图9-10所示。

图9-8　【清理】对话框

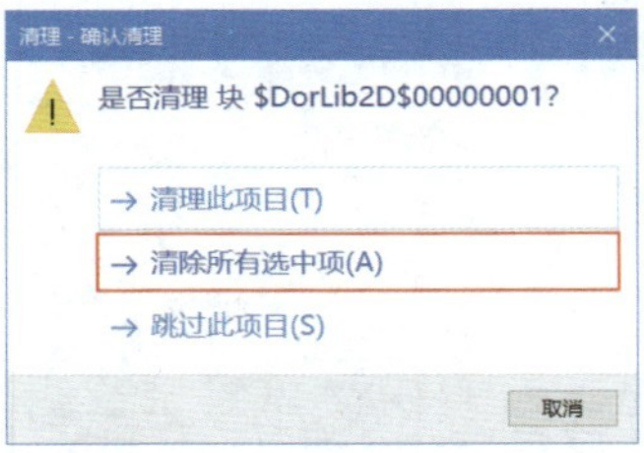

图9-9　清理所有选中项

图9-10　清理完成

9.2.2　优化SketchUp场景设置

微课视频

在导入AutoCAD图形之前，对AutoCAD图形的整理十分必要，但是SketchUp场景设置对图形的导入也很有必要。只有在导入图形之前做好充足的准备优化工作，才会为稍后在SketchUp场景中建立模型提供极大的方便。

（1）启动SketchUp应用程序，执行【窗口】|【模型信息】命令，如图9-11所示。

（2）打开【模型信息】对话框，选择【单位】选项，将【格式】设置为【十进制】，【长度】设置为【毫米】，【显示精确度】选择【0.0mm】，选中【角度单位】下的【启用角度捕捉】复选框，将捕捉角度改为5，如图9-12所示，正确的参数设置对流畅作图有很大帮助。

图9-11　执行命令

图9-12　设置单位参数

9.3　创建模型前的准备工作

建筑图形一般都具有十分精确的尺寸数据，在SketchUp中创建建筑模型时，可以将建筑AutoCAD图形导入场景中作为参考，也可以在AutoCAD图形中量取到尺寸再应用于SketchUp中。一般创建模型可以结合使用这两种方法。

9.3.1　导入AutoCAD图形

微课视频

做好导入前的准备工作后，就可以将AutoCAD平面图和立面图导入SketchUp场景中建模，下面详细介绍操作步骤。

（1）执行【文件】|【导入】命令，弹出【导入】对话框，选择【别墅立面图导入.dwg】文件，如图9-13所示。

（2）单击【导入】对话框下方的【选项】按钮，打开【导入AutoCAD DWG/DXF选项】对话框，将单位设置为【毫米】，其他参数设置如图9-14所示，单击【好】按钮退出设置。

（3）单击【导入】对话框中的【导入】按钮，完成AutoCAD图形导入SketchUp的操作。

图9-13　选择导入文件

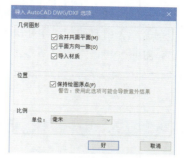

图9-14　设置选项参数

（4）导入结束后，出现图9-15所示的【导入结果】对话框，即可完成AutoCAD图形的导入。

（5）重复上述操作，继续导入【别墅平面图导入.dwg】【总平面图导入.dwg】文件，最终结果如图9-16所示。

图9-15　【导入结果】对话框

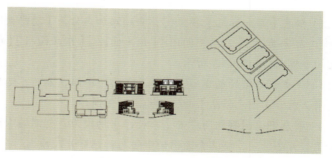

图9-16　导入AutoCAD图形

（6）图形导入完成后，默认创建为群组。为了操作方便，需要先将群组拆开，再将每个图形单独创建成组。依次选择平面图、立面图，右击，在关联菜单中选择【炸开模型】选项。

（7）分别框选每一个图形，右击，选择关联菜单中的【创建群组】命令，将其分别创建成组，如图9-17所示。

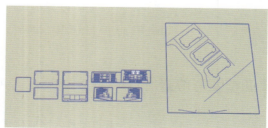

图9-17　分别创建群组

（8）执行【窗口】|【默认面板】|【标记】命令，打开【标记】面板，如图9-18所示。

（9）将除【未标记】以外的所有标记选中，右击，在关联菜单中选择【删除标记】选项，如图9-19所示。

图9-18 打开【标记】面板　　图9-19 选择【删除标记】选项

（10）弹出【删除包含图元的标记】对话框，选中【分配另一个标记】单选按钮，单击【好】按钮确认删除，如图9-20所示。

（11）删除标记的结果如图9-21所示。

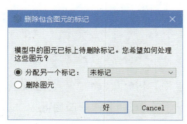

图9-20 【删除包含图元的标记】对话框　　图9-21 删除标记的结果

（12）单击【添加标记】按钮⊕，分别添加名称为【总平面图】【地下室平面图】【一层平面图】【二层平面图】【三层平面图】【顶平面图】【东立面图】【西立面图】【南立面图】【北立面图】10个标记，如图9-22所示。

（13）完成新标记的创建后，选择总平面图群组，右击，选择右键关联菜单中的【模型信息】选项，打开【图元信息】面板，如图9-23所示。

（14）将总平面图群组所在的【未标记】切换为新创建的【总平面图】标记，如图9-24所示。使用同样的方法，将其余图形的群组与标记对号入座。

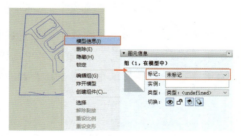

图9-22 添加标记　　图9-23 打开【图元信息】面板　　图9-24 更换标记

9.3.2　调整图形位置

微课视频

完成图形的导入和分层工作后，需要调整各图形位置，以便创建模型时有据可参。下面介绍详细操作步骤。

（1）选择一层平面图，激活【移动】工具✛，将其移动至地下室平面图上相应位置，如图9-25所示。再次使用【移动】工具✛，将一层平面图沿蓝轴方向向上移动3000.0mm，如图9-26所示。

SketchUp实用教程（第2版）室内·建筑·景观设计（微课版）

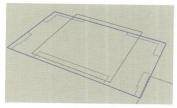

图9-25　移动至地下室平面图上

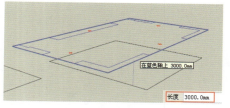

图9-26　沿蓝轴向上移动

（2）用上述相同的方法，分别将二层平面图、三层平面图和顶平面图移动至距离地下室平面图6000.0mm、9000.0mm和12000.0mm的位置，如图9-27所示。

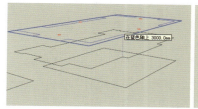
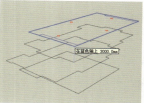
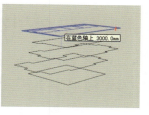

图9-27　调整其余层平面图

（3）激活【旋转】工具，将立面图都旋转至与平面图垂直的位置，并利用【移动】工具，将立面图分别布置在建筑的东面、南面、西面、北面，如图9-28所示。

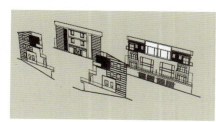
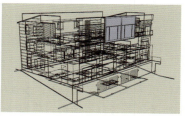

图9-28　旋转立面图并放置在相应位置

9.4　在SketchUp中创建模型

做好所有准备工作后，便可在SketchUp中创建立体模型。立体模型的创建步骤为，先创建地下室模型，然后创建建筑一层模型，接着创建建筑二层模型，再创建建筑三层模型，最后创建顶层模型。由下而上，井井有条。

9.4.1　创建地下室模型

微课视频

建筑每一层的创建也需要合理的顺序，首先推拉出建筑层高，然后分别根据建筑四个立面图，对建筑立面进行绘制，最后赋予材质。

1. 推拉地下室层高度

（1）在【标记】面板中保持【地下室平面图】标记的可见性，其余新建标记全部隐藏，如图9-29所示，这样可以方便操作。

（2）双击【地下室平面图】群组进入编辑状态，利用【矩形】工具，将地下室平面图进行封面操作，如图9-30所示。

图9-29　隐藏标记　　　　　　　图9-30　开始封面

> **提示**　【未标记】为默认标记，无法删除及关闭。

（3）在地下室平面上右击，在关联菜单中选择【反转平面】选项，如图9-31所示。

（4）激活【推/拉】工具 ，参照立面图的立面高度，将地下室平面向上推出，如图9-32所示。

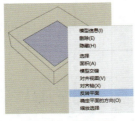

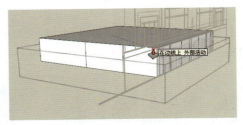

图9-31　反转平面　　　　　　　　　图9-32　向上推出

（5）继续使用【推/拉】工具 ，按住Ctrl键，参照立面高度，将地下室顶面继续向上推拉，如图9-33所示，并将门框面向内推出1200.0mm的距离，如图9-34所示。

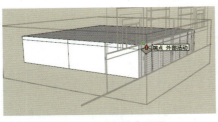

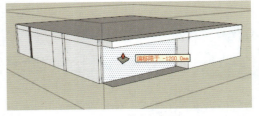

图9-33　重复推出顶面　　　　　　　　图9-34　推出门框面

2. 绘制地下室南立面

（1）执行【相机】|【平行投影】命令，将视图切换至【平行投影】模式，在【视图】工具栏中选择【后视图】，以方便操作，如图9-35所示。

（2）激活【矩形】工具 ，参照南立面图上的门框绘制一个矩形，如图9-36所示。

图9-35　切换视图模式　　　　　　　图9-36　绘制矩形门框

（3）框选矩形面，右击，选择关联菜单中的【创建群组】选项将其创建成组，如图9-37所示。

（4）双击门框群组进入编辑状态，利用【推/拉】工具 ◆ 将门框推出240.0mm的厚度，如图9-38所示。

（5）激活【直线】工具 ✎ ，在门框平面上绘制出装饰线段，并为其赋予【0011贝壳色】材质 ▢ ，如图9-39所示。

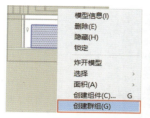
图9-37 创建门群组

图9-38 推出门厚度

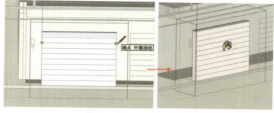
图9-39 绘制装饰线段并赋予材质

（6）激活【移动】工具 ✥ ，按住Ctrl键，并参照南立面图上门的位置，将门群组进行移动复制，如图9-40所示。并沿绿轴方向移动至地下室门框处，如图9-41所示。

图9-40 复制门群组

图9-41 移动至地下室门框处

（7）用上述绘制门的方法绘制装饰壁灯，如图9-42所示。

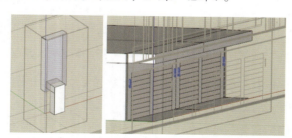
图9-42 绘制装饰壁灯

（8）激活【删除】工具 ✐ ，将地下室表面多余线段擦除，如图9-43所示。

（9）激活【颜料桶】工具 ✋ ，单击【创建材质】按钮 ◈ ，新建【黄褐色文化石】材质。为地下室的墙壁赋予【黄褐色文化石】材质 ▢ ，如图9-44所示。

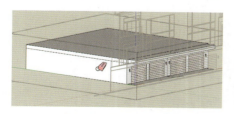
图9-43 删除多余线段

图9-44 赋予材质

（10）激活【推/拉】工具 ◆ ，参考南立面图，选择地下室的侧面进行推出，如图9-45所示。

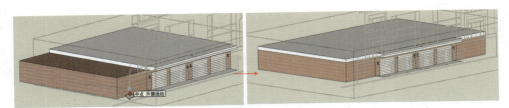

图9-45 推拉地下室侧面

3. 绘制地下室上一层栏杆

（1）激活【偏移】工具，将地下室顶面向内偏移240mm，如图9-46所示。激活【推/拉】工具，将栏杆推拉出650.0mm的高度，如图9-47所示。

图9-46 偏移地下室顶面　　　图9-47 推拉栏杆高度

（2）激活【偏移】工具，将栏杆面向外偏移100mm，如图9-48所示，并使用【推/拉】工具将栏杆顶面向上推拉出50.0mm的厚度，如图9-49所示。

图9-48 绘制栏杆扶手部位　　　图9-49 推拉扶手处厚度

（3）继续使用【推/拉】工具，对南面栏杆进行挖空处理，并将其余四个方向的栏杆绘制完成，如图9-50所示。

图9-50 绘制虚实栏杆

（4）在非实体栏杆处安置玻璃栏杆组件，如图9-51所示。

图9-51 安装玻璃栏杆组件

9.4.2 绘制建筑一层模型

建筑一层模型的创建步骤与建筑地下室模型的创建步骤相似，下面介绍具体步骤。

1. 推拉建筑一层高度

（1）双击【一层平面图】群组进入编辑状态，用【矩形】工具▨将一层平面进行封面处理，如图9-52所示。

（2）激活【推/拉】工具♦，按照南立面图高度，将一层平面推拉到相应高度，如图9-53所示。

图9-52　封面处理

图9-53　推拉一层平面高度

2. 绘制一层南立面

（1）激活【矩形】工具▨，在一层平面南面门框处绘制一个矩形，如图9-54所示。

（2）选择绘制的矩形面，激活【比例】工具📐，参照南立面图上的入口尺寸对矩形面进行拉伸，如图9-55所示。

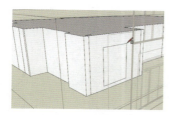
图9-54　绘制矩形面

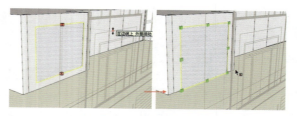
图9-55　拉伸矩形面为合适尺寸

（3）选中矩形面右击，选择右键关联菜单中的【创建组件】选项将其创建成组件，将【黏接至】切口设为【所有】，选中【切割开口】复选框，如图9-56所示。

（4）双击进入组件编辑状态，激活【推/拉】工具♦，将矩形面向内推拉1500.0mm，如图9-57所示。

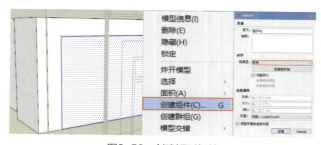
图9-56　创建矩形组件

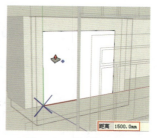
图9-57　推拉矩形面

（5）将矩形表面删除，可以看到后面的面为反面。选择反面右击，先后选择关联菜单中的【反转平面】和【确定平面的方向】选项，将反面反转，如图9-58所示。

（6）激活【矩形】工具，在推进的面上绘制一个矩形，并使用【比例】工具将矩形面拉伸至南立面图中门框的位置，如图9-59所示。

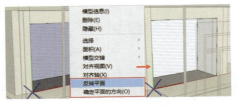

图9-58　反转平面　　　　　　　　图9-59　拉伸面

（7）激活【推/拉】工具，将门框矩形轮廓向内推拉200.0mm，如图9-60所示。

（8）激活【直线】工具，参照立面图绘制出门的花样，并使用【颜料桶】工具为其赋予【带阳极的金属】和【半透明安全玻璃】材质，如图9-61所示。

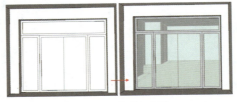

图9-60　推拉门框表面　　　　　　图9-61　完善门组件

（9）切换为【平行投影】模式，并将视图切换为【后视图】，如图9-62所示。选择门廊组件，激活【移动】工具，按住Ctrl键，并参照南立面图，将其移动复制到右侧门廊的位置，如图9-63所示。

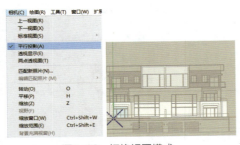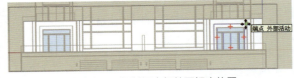

图9-62　切换视图模式　　　　　　　　　图9-63　复制门廊组件至相应位置

3. 绘制一层北立面

（1）激活【矩形】工具，在一层北面窗户处绘制一个矩形，如图9-64所示。

（2）选择矩形面，参照北立面图，使用【比例】工具将矩形面拉伸至合适尺寸，如图9-65所示。

（3）选择矩形面右击，选择关联菜单的【创建组件】选项，将其创建成组件，如图9-66所示。

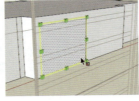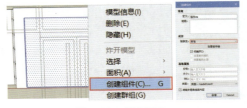

图9-64　绘制矩形　　　　　图9-65　拉伸至合适尺寸　　　　　图9-66　创建组件

（4）双击进入组件编辑状态，使用【推/拉】工具将其推拉出1840.0mm的厚度，并将表面删除，如图9-67所示。

（5）删除表面后，可以看到后面的面为反面。选择反面右击，先后选择关联菜单中的【反转平面】和【确定平面的方向】选项，将反面反转，如图9-68所示。

图9-67　推拉矩形面

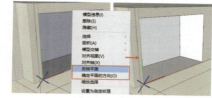
图9-68　反转平面

（6）激活【矩形】工具 和【直线】工具 ，参照北立面图绘制门窗轮廓，如图9-69所示。激活【推/拉】工具 ，将门框拉手和窗户外轮廓向外推拉出30.0mm的厚度，将装饰壁灯按照之前的绘制方式绘制完成，如图9-70所示。

（7）将体块后表面删除，激活【颜料桶】工具 ，为门、门拉手、窗和墙体分别赋予【0011贝壳色】 、【波浪状亮面金属】 、【半透明安全玻璃】 和【黄褐色文化石】 材质，如图9-71所示。

图9-69　绘制门窗轮廓

图9-70　推拉门窗

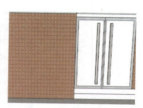
图9-71　赋予材质

（8）选择门群组，激活【移动】工具 ，按住Ctrl键，参照北立面图位置，将其移动复制至右侧合适位置，如图9-72所示。

（9）选择复制的门窗群组，激活【镜像】工具 ，翻转门窗方向，结果如图9-73所示。

图9-72　复制门窗群组

图9-73　翻转群组方向

4. 绘制一层东立面

（1）显示【东立面图】标记，并隐藏【北立面图】标记，将视图模式切换为【右视图】，如图9-74所示。

（2）激活【矩形】工具 ，在一层东面窗户面上绘制一个矩形，作为窗户外轮廓如图9-75所示。

图9-74　切换标记可见性

图9-75　绘制窗户外轮廓

（3）选择绘制的矩形面，激活【比例】工具 ，参照东立面图窗户尺寸将矩形面进行拉伸，如图9-76所示。

（4）选择拉伸后的矩形面，右击，选择关联菜单中的【创建组件】选项，将其创建成组件，如图9-77所示。

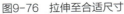

图9-76　拉伸至合适尺寸　　　　　图9-77　创建组件

（5）双击进入组件的编辑状态，激活【直线】工具 ，参照东立面图绘制窗户的窗框，并用【推拉】 工具将窗户玻璃表面向内推拉200.0mm，如图9-78所示。

（6）激活【颜料桶】工具 ，为窗户组件分别赋予【带阳极铝的金属】 和【半透明安全玻璃】 材质，如图9-79所示。

（7）用同样的方法绘制其余两个窗户，如图9-80所示。

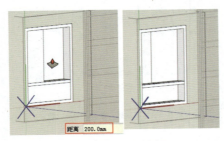
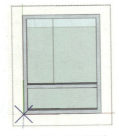

图9-78　绘制窗框　　　　图9-79　赋予材质　　　　图9-80　绘制其余窗户

（8）绘制门廊构件。激活【矩形】工具 ，在一层平面门廊处绘制一个矩形，并用【比例】工具 将其拉伸至合适尺寸，如图9-81所示。

（9）激活【推/拉】工具 ，将矩形面向内推拉300.0mm，如图9-82所示。双击南面门组件进入编辑状态，将两边的表面删除，如图9-83所示。

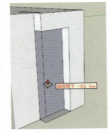
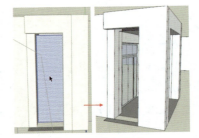

图9-81　绘制矩形轮廓　　　图9-82　推拉矩形面　　　图9-83　删除表面

5. 绘制一层西立面

（1）由于东西两面的门窗组件一样，所以只需要将东面窗户组件进行复制、翻转，并移动至对应位置即可。

（2）选择三个窗户组件，激活【移动】工具 ，按住Ctrl键，将窗户组件进行复制，如图9-84所示，并移动至西面相应位置，如图9-85所示。

SketchUp实用教程（第2版）室内·建筑·景观设计（微课版）

（3）用相同的绘制方法，绘制西面的门廊构件，如图9-86所示。

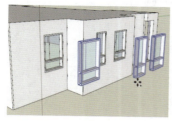

图9-84　复制窗户组件

图9-85　放置窗户组件

图9-86　绘制门廊构件

9.4.3　绘制建筑二层模型

微课视频

1. 推拉建筑二层高度

（1）双击【二层平面图】群组进入编辑状态，使用【矩形】工具对二层平面进行封面处理，如图9-87所示。

（2）显示【南立面图】标记，如图9-88所示。

（3）激活【推/拉】工具，参照立面图高度，将处理后的二层平面图推拉至相应高度，如图9-89所示。

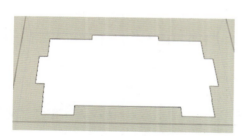

图9-87　封面处理

图9-88　显示标记

2. 绘制二层南立面

（1）激活【矩形】工具，在南面上绘制一个矩形，并用【比例】工具按照南立面图露台尺寸进行拉伸，如图9-90所示。

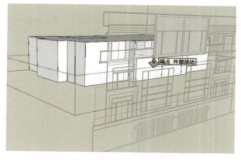

图9-89　推拉二层高度

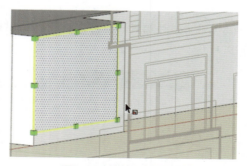

图9-90　绘制露台矩形轮廓

（2）选择矩形面右击，通过关联菜单将其创建为组件，如图9-91所示。

（3）双击进入组件的编辑状态，并激活【推/拉】工具，将矩形面向内推拉2700.0mm，如图9-92所示。

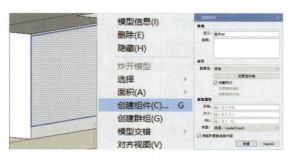
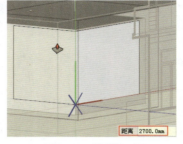

图9-91 创建组件　　　　　　　　　图9-92 推拉矩形面

（4）先后选择右键关联菜单中的【反转平面】和【确定平面的方向】选项将平面反转，如图9-93所示。

（5）利用【矩形】工具  和【比例】工具 ，参照立面图绘制门框外轮廓，如图9-94所示。

图9-93 反转平面　　　　　　　　　图9-94 绘制门框外轮廓

（6）激活【直线】工具 ，绘制门框，并分别赋予【带阳极铝的金属】 和【半透明安全玻璃】 材质，如图9-95所示。

（7）选择组件东面，按Delete键删除，如图9-96所示。

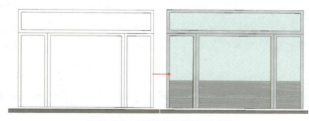
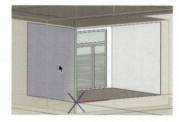

图9-95 绘制门框并赋予材质　　　　　图9-96 删除组件东面

（8）退出组件编辑后，用【矩形】工具 按照组件尺寸绘制一个矩形，并将其删除，如图9-97所示。

图9-97 删除矩形面

（9）绘制露台。激活【矩形】工具 ，以露台平面端点为起点，绘制一个1000mm×420mm的矩形，并使用【推/拉】工具 将其进行推拉，如图9-98所示。

SketchUp实用教程（第2版）室内·建筑·景观设计（微课版）

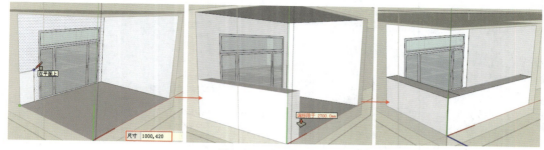

图9-98　绘制露台栏杆

（10）使用【矩形】工具 ▦ 在正对门处绘制一个矩形，再使用【推/拉】工具 ◆ 对其进行挖空处理，并放置玻璃栏杆组件，如图9-99所示。

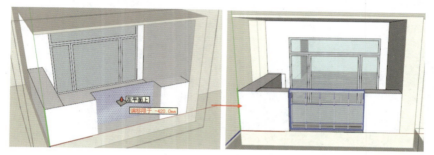

图9-99　放置玻璃栏杆

（11）激活【移动】工具 ✥，按住Ctrl键，将露台组件移动复制到另一边，如图9-100所示。

图9-100　复制露台组件

（12）显示【一层平面图】标记，将一层群组和二层群组合并为一个群组，再将两个群组分解，如图9-101所示。

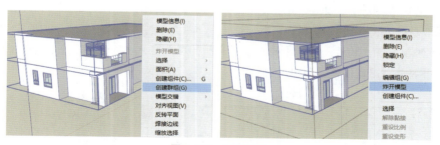

图9-101　编辑群组

（13）使用【矩形】工具 ▦ 和【比例】工具 ⬈，参照南立面图窗户尺寸，绘制出一、二层大窗户，如图9-102所示。

（14）选择矩形面右击，选择关联菜单中的【创建组件】选项将其创建为组件，如图9-103所示。

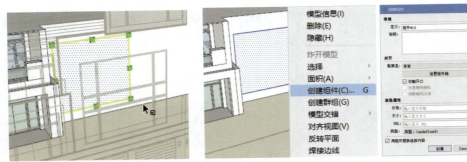

图9-102 绘制大窗户外轮廓   图9-103 创建组件

（15）激活【推/拉】工具 ![推拉], 将其向内推拉200.0mm, 如图9-104所示, 并将面反转, 如图9-105所示。

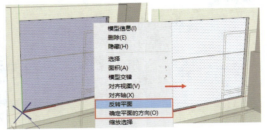

图9-104 推拉矩形面   图9-105 将面反转

（16）激活【直线】工具 ![直线], 参照立面图绘制窗框, 并使用【颜料桶】工具 ![颜料桶]为其赋予【带阳极铝的金属】![灰] 和【半透明安全玻璃】![蓝] 材质, 如图9-106所示。

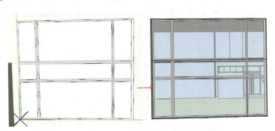

图9-106 完善大窗户并赋予材质

（17）激活【移动】工具 ![移动], 按住Ctrl键, 并参照立面图大窗户的位置, 将大窗户组件移动复制至合适位置, 如图9-107所示。

（18）绘制大窗户构件。激活【矩形】工具 ![矩形], 在大窗户之间绘制一个4480mm×1180mm的矩形, 并将其创建成组件, 如图9-108所示。

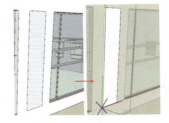

图9-107 复制大窗户组件至另一侧   图9-108 绘制矩形

（19）激活【推/拉】工具 ![推拉], 将矩形面向内推拉200.0mm, 并将内外表面删除, 如图9-109所示。

（20）用【矩形】工具▧在窗沿上绘制一个150mm×90mm的矩形，并将其创建为组件，进行推拉和赋予材质，如图9-110所示。

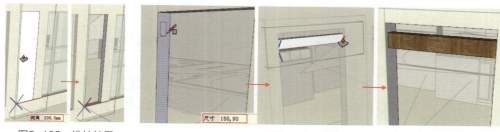

图9-109　推拉结果　　　　　　　　　　　　　图9-110　绘制构件

（21）激活【移动】工具✛，按住Ctrl键，将分隔杆件向下移动复制270mm，并复制15份，如图9-111所示。

3. 绘制二层北立面

（1）显示【北立面图】标记，使用【矩形】工具▧和【比例】工具↗，参照立面图在建筑北面绘制窗台外轮廓，接着绘制其内部结构，如图9-112所示。

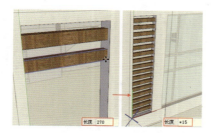

图9-111　复制构件

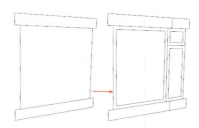

图9-112　绘制窗台外轮廓

（2）框选窗台面，将其创建为组件，使用【推/拉】工具◆，将窗户面向内推拉450.0mm，并将窗框面向内推拉250.0mm，如图9-113所示。

（3）激活【颜料桶】工具🪣，为窗台组件赋予【黄褐色文化石】▨、【带阳极铝的金属】▨和【半透明安全玻璃】▨材质，如图9-114所示。

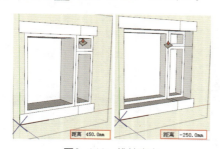

图9-113　推拉窗台

图9-114　赋予材质

（4）激活【移动】工具✛，按住Ctrl键，参照立面图，将窗台组件移动复制至右侧的窗台位置。选择复制的窗组件，激活【镜像】工具⬚，翻转方向，结果如图9-115所示。

 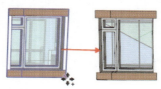

图9-115　复制窗台至右侧

（5）用同样的方法绘制东、西面门窗，绘制完成效果如图9-116所示。

（6）激活【颜料桶】工具🎨，通过【创建材质】，为建筑一、二层墙面赋予【白色微晶石】材质▨，如图9-117所示。

图9-116　绘制东、西面门窗　　　　　　图9-117　赋予一、二层墙面材质

9.4.4　绘制建筑三层模型

微课视频

1. 推拉建筑三层高度

（1）双击【三层平面图】群组进入编辑状态，用【矩形】工具▨对三层平面进行封面处理，如图9-118所示。

（2）激活【推/拉】工具🔺，参照立面图，将处理后的三层平面推拉至相应高度，如图9-119、图9-120所示。

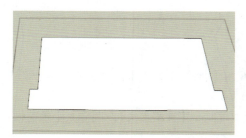

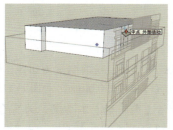

图9-118　封面处理　　　　　　图9-119　推拉至三层高度

2. 绘制三层南立面

（1）参照立面图，利用【矩形】工具▨和【比例】工具🔺，在建筑三层墙面上绘制阳台基本轮廓，如图9-121所示。

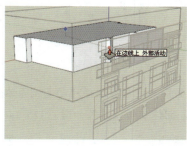

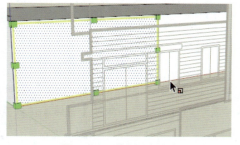

图9-120　推拉建筑三层高度　　　　　　图9-121　绘制阳台轮廓

（2）选择矩形面将其创建为组件，用【推/拉】工具🔺将矩形面向内推进2850.0mm，并删除表面，如图9-122所示。

（3）参照立面图，在推进面上绘制窗户外轮廓，并将其创建为组件，激活【推/拉】工具，将窗户面向内推进200.0mm，并删除表面，如图9-123所示。

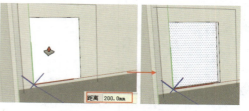

图9-122　推出阳台　　　　　　　　　　　图9-123　推出阳台窗户

（4）利用【矩形】工具，在窗户组件中绘制其内部构造，并赋予【带阳极铝的金属】和【半透明安全玻璃】材质，如图9-124所示。

（5）用同样的方法，将阳台上另外两个窗户绘制完成，如图9-125所示。

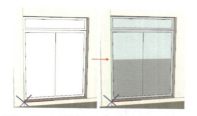

图9-124　绘制窗户内部构造并赋予材质　　　图9-125　绘制其余窗户

（6）绘制窗户雨棚。参考立面图绘制雨棚矩形轮廓，并将其向外推出600.0mm，如图9-126所示。

（7）绘制阳台栏杆。参照立面图绘制1000mm的阳台栏杆，并将实体栏杆替换为玻璃栏杆组件，如图9-127所示。

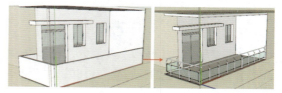

图9-126　绘制窗户雨棚　　　　　　　　　图9-127　绘制栏杆

（8）将阳台组件复制至另一侧，如图9-128所示。

（9）将建筑一、二、三层合并为一个群组，以便一、二层的组件可以方便地使用至第三层，如图9-129所示。

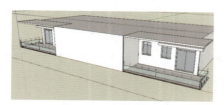

图9-128　复制阳台组件　　　　　　　　　图9-129　合并组

3. 绘制三层北立面

（1）参照北立面图，利用【矩形】工具和【比例】工具，在建筑北面上绘制装饰构件的外轮廓，并将其创建为组件，如图9-130所示。

（2）激活【推/拉】工具，将矩形面向内推进200.0mm，并将内外表面删除，如图9-131所示。

（3）激活【圆】工具 ，在底面绘制一个半径为60mm的圆，如图9-132所示，并将其创建为组件。

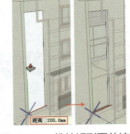

图9-130　绘制外轮廓　　　图9-131　推拉矩形面并挖空　　　　　　图9-132　绘制圆形

（4）激活【推/拉】工具 ，将圆面向上推出至顶部，并赋予【镶木地板木质纹】材质 ，如图9-133所示。

（5）激活【移动】工具 ，按住Ctrl键，将杆件沿着红轴的方向以300mm的间距复制5份，如图9-134所示。

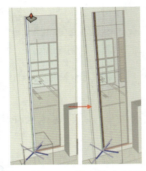
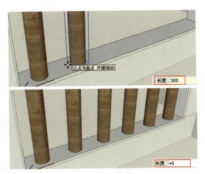

图9-133　推出杆件并赋予材质　　　　图9-134　复制组件

（6）继续使用【移动】工具 ，按住Ctrl键，将构件组件复制到另一侧，并为构件周围墙面赋予【0135深灰】材质 ，如图9-135所示。

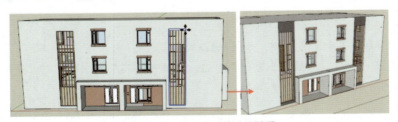

图9-135　复制构件并赋予材质

（7）参照立面图绘制建筑三层东、西两面的门窗，并赋予材质，其中三楼阳台材质为新建材质【室外防腐木】材质 ，如图9-136所示。

图9-136　绘制东、西两面门窗并赋予材质

9.4.5　绘制建筑顶面模型

（1）绘制顶平面。双击【顶平面图】群组进入编辑状态，用【矩形】工具▱对一层平面进行封面处理，如图9-137所示。

（2）通过分析图纸可知，别墅北面屋顶为坡屋顶，南面屋顶为高低错落的平屋顶。对顶平面进行处理后的效果如图9-138所示。

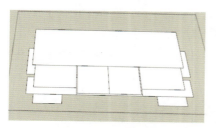
图9-137　封面处理

图9-138　处理平面

（3）参照南立面图，激活【推/拉】工具◆，将南面平屋顶推出至相应高度，如图9-139所示。

（4）继续使用【推/拉】工具◆，将北面坡屋顶面向上拉伸1080.0mm，如图9-140所示。

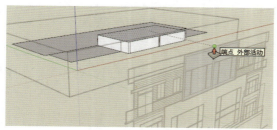
图9-139　推出平屋顶

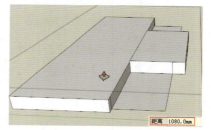
图9-140　推出坡屋顶

（5）激活【直线】工具✎，连接侧面对角线，并用【推/拉】工具◆进行推空处理，如图9-141所示。

（6）继续使用【推/拉】工具◆，按住Ctrl键，将坡屋顶斜面向上推出120.0mm，并推出580.0mm的屋檐，如图9-142所示。

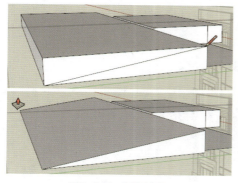
图9-141　制作坡度

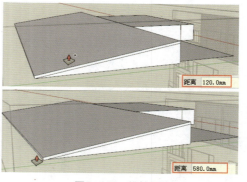
图9-142　推拉屋檐

（7）将建筑顶层与其他楼层合并为群组，如图9-143所示。

（8）处理东西面坡屋顶屋檐，如图9-144所示。

图9-143　合并群组

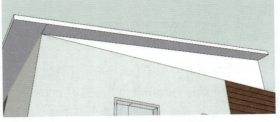
图9-144　处理坡屋顶屋檐

（9）绘制南面凸出窗台。参照南立面图，使用【矩形】工具▱和【比例】工具🗕，绘制凸出窗台外轮廓面，如图9-145所示，并将其创建为群组。

（10）激活【推/拉】工具◈，将矩形面向内推拉1200.0mm，并将表面删除，将面反转，如图9-146所示。

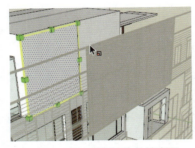
图9-145　绘制窗台外轮廓面

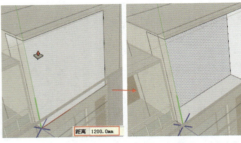
图9-146　推拉窗台矩形面

（11）在推进面上绘制门窗外轮廓，如图9-147所示，并将其创建为群组。

（12）激活【推/拉】工具◈，选择矩形面向内推拉200.0mm，并将表面删除，反转矩形面，如图9-148所示。

图9-147　绘制门窗外轮廓

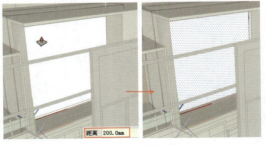
图9-148　推拉门窗面

（13）绘制门框和窗框，并为其赋予材质，如图9-149所示。

（14）在凸出窗台上放置玻璃栏杆组件，如图9-150所示。

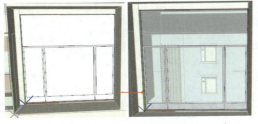
图9-149　绘制门框和窗框

图9-150　放置玻璃栏杆

（15）将凸出窗台组件复制到另一侧，激活【镜像】工具🔄，翻转组件方向，如图9-151所示。

SketchUp实用教程（第2版）室内·建筑·景观设计（微课版）

图9-151　复制并翻转凸出窗台组件

（16）为凸出窗台赋予【0135 深灰】材质█，如图9-152所示，为屋顶赋予【沥青木瓦屋顶】材质▬，如图9-153所示。

图9-152　赋予窗台材质

图9-153　赋予屋顶材质

9.4.6　增加别墅景观效果

别墅模型制作完成后，为别墅增加周围景观效果。

（1）打开【总平面图】标记，使用【矩形】工具▨和【直线】工具✏对总平面图进行封面处理，如图9-154所示。

（2）使用【沙箱】工具为双拼别墅周围场地增加地形效果，并为别墅场地赋予材质，如图9-155所示。

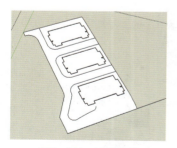

图9-154　封面处理

图9-155　增加地形并赋予材质

（3）将双拼别墅群组移动至合适位置，并绘制周围道路等元素，如图9-156所示。

图9-156　移动别墅并完善场景

9.5. 后期渲染

使用V-Ray For SketchUp渲染时，一个效果较为真实的图片渲染需要通过编辑材质、初次渲染效果测试和调整后最终出图三个步骤来完成。

9.5.1 渲染前的准备工作

对室外模型进行渲染之前，场景信息的处理和简化十分重要，这既可以提高渲染出图质量，也可以加快渲染速度。

（1）利用【缩放】工具🔍调整视图的视角和焦距，利用【环绕视察】工具🔄和【平移】工具👋将视图调整到合适的位置，并执行【视图】|【动画】|【添加场景】命令，将调整好的场景增加为新页面，如图9-157所示。

（2）打开【阴影】面板，开启【阴影】效果，调节【阴影】面板中的参数，如图9-158所示。

图9-157　添加场景

图9-158　设置阴影

（3）依次打开【样式】面板、【组件】面板和【材质】面板，单击【在模型中】按钮🏠，在面板中显示内容，如图9-159所示。

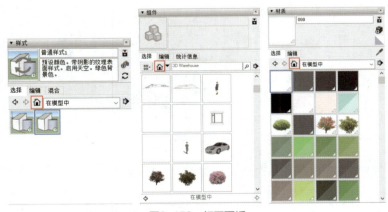

图9-159　打开面板

（4）单击【详细信息】按钮▸，在关联菜单中选择【清除未使用项】选项，将场景中未使用的元素删除，如图9-160所示。

（5）单击【材质】面板中的【详细信息】按钮▸，在关联菜单中，将查看模式改为列表模式，并将【在模型中】内所有中文名的材质改为英文名（或拼音加数字的模式），如图9-161所示。

提示　在某些V-Ray For SketchUp版本中，渲染时会自动关闭SketchUp，一般出现这种情况的原因是V-Ray不能识别其中名字为中文的材质，会出错退出SketchUp，因此，在这种情况下，应当把SketchUp中的材质名称全部改为英文名，有时这些材质贴图的文件名也不能为中文，同样需要更改。

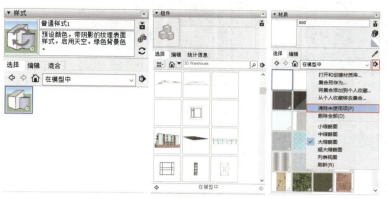

图9-160　清除未使用项

图9-161　更改材质名称

9.5.2　设置材质参数

微课视频

在做好渲染前期准备工作后，就要对渲染参数进行相关设置。

（1）用【吸管】工具 在栏杆的玻璃材质上单击，并在【V-Ray For SketchUp】工具栏中单击【资源编辑器】按钮 ，打开V-Ray【资源编辑器】对话框。

（2）V-Ray【资源编辑器】自动选定栏杆的玻璃材质，设置【漫反射】颜色的RGB值为【212，255，251】，【折射】颜色的RGB值为【127，127，127】，选中【菲涅尔】复选框，设置【反射IOR】为1.55，其他参数设置如图9-162所示。

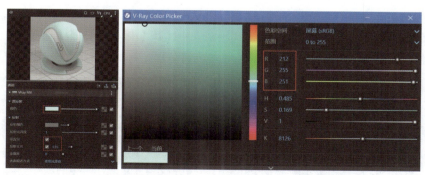

图9-162　设置参数

（3）为模型中玻璃门窗的材质设置相同的参数。

（4）用【吸管】工具 在地下室墙面上单击，在V-Ray【资源编辑器】中展开【凹凸】卷展栏，在【模式/贴图】中选择【凹凸贴图】选项，如图9-163所示。

（5）为别墅一、二层南面构件材质和三层阳台墙面材质分别设置上述相同参数。

（6）用【吸管】工具 在别墅的墙面上单击，在V-Ray【资源编辑器】中将【漫反射】颜色的RGB值设置为【225，242，238】，如图9-164所示。

图9-163　选择【凹凸贴图】选项　　　　　图9-164　设置参数

9.5.3　设置渲染参数

微课视频

材质参数设置完成后，开始设置渲染参数。一般情况下，需要先设置初次渲染测试参数，再经过多次调整才能达到最好的效果，本实例提供最终的渲染参数。在V-Ray【资源编辑器】中单击【设置】按钮⚙，进入参数设置面板。

（1）在【环境】卷展栏中选中【GI】【反射】【折射】复选框，如图9-165所示。

（2）在【抗锯齿过滤器】卷展栏中选择【Catmull Rom】过滤器，如图9-166所示。

图9-165　设置【环境】参数　　　　　　图9-166　选择过滤器

（3）在【全局照明】卷展栏中将【灯光缓存】的【细分】增加到1000，其他参数设置如图9-167所示。

（4）设置图像输出的尺寸，在【宽高比】列表中选择【自定义】，解除参数的链接🔗，自定义图形尺寸为2048mm×1536mm，选择图像的存储路径，其他参数设置如图9-168所示。

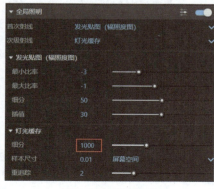

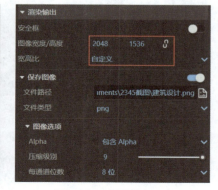

图9-167　设置参数　　　　　　　　　图9-168　设置输出尺寸

（5）参数设置完成后，单击【渲染】按钮即可开始渲染。等待渲染完成之后，得到图9-169所示的通道渲染图和效果图。

图9-169　渲染效果

9.6 后期效果图处理

微课视频

在SketchUp中利用V-Ray进行渲染后，为使场景更加真实，需要将效果图在Photoshop中进行终极处理。

（1）打开Photoshop软件，执行【文件】|【打开】命令，打开效果图，双击【背景】图层，打开【新建图层】对话框，在其中将图层重命名为图层1，如图9-170所示。

图9-170　重命名图层

（2）打开通道图，并调整图层的位置，如所图9-171所示。

图9-171　调整图层位置

（3）选择【魔棒】工具 ，选中【图层1】中的天空部分，按Delete键删除，如图9-172所示。

图9-172　删除天空部分

（4）按C键将图像裁剪，并在效果图中添加天空背景，如图9-173所示。

（5）选择【天空】图层，按Ctrl+M组合键打开【曲线】对话框，调整天空的亮度，如图9-174所示。

图9-173　裁剪图像并添加天空背景　　　　图9-174　调整天空亮度

（6）在建筑物两旁添加乔木、灌木和植被，如图9-175所示。

（7）在道路边和停车库前分别添加灌木，如图9-176所示。

（8）为别墅前的马路上色并绘制斑马线，如图9-177所示。

图9-175　在建筑物两旁添加乔木、灌木　图9-176　在道路边和停车库前添加灌木　　图9-177　绘制斑马线

（9）在效果图中添加人物和车辆，如图9-178所示。

（10）在效果图中添加远景建筑和植物，如图9-179所示。

（11）在效果图中添加挂角树和前景草丛，如图9-180所示。

（12）完成操作后，将图像输出。执行【文件】|【存储为】命令，将文件以JPG格式输出。

图9-178　添加人物和车辆　　　　图9-179　添加远景建筑和植物　　图9-180　添加挂角树和前景草丛